中国特色高水平高职学校项目建设成果

3D 打印逆向建模技术及应用

主　编　陈　秀　韩　东
副主编　王子鹏　姜东全
主　审　董礼涛　宋胜伟

哈尔滨工程大学出版社
Harbin Engineering University Press

内 容 简 介

本书内容涵盖了从基础的逆向工程原理到 3D 打印技术的高级应用,详细介绍了逆向工程的各个步骤,包括数据采集、数据处理、模型构建以及最终的 3D 打印输出。同时,书中也对快速成型技术的原理、材料选择、设备操作和后期处理等关键环节进行了深入讲解。通过一系列的案例分析和实操练习,读者可以掌握如何将理论知识应用于解决实际问题,从而在产品设计与制造领域中发挥出逆向工程和 3D 打印技术的最大潜力。本书内容包括液压泵油口法兰逆向设计、叶轮模型的 3D 打印和脚轮的 3D 打印 3 个学习情境,7 个任务,分别为液压泵油口法兰数据采集,液压泵油口法兰数据处理,液压泵油口法兰逆向建模,叶轮数据处理,叶轮打印成型,脚轮模型设计与数据处理,脚轮 3D 打印流程。每个学习任务包括任务工单、课前自学、自学自测、任务实施、工作单、课后作业等栏目。

本书既可作为职业教育增材制造类专业本科、高职层次的教学用书,也可作为相关工程技术人员培训和进修的参考用书。

为方便教学,本书配有相关数据文件,可扫描二维码下载。

图书在版编目(CIP)数据

3D 打印逆向建模技术及应用 / 陈秀,韩东主编.
哈尔滨:哈尔滨工程大学出版社,2024. 9. -- ISBN
978-7-5661-4569-7

Ⅰ. TB4
中国国家版本馆 CIP 数据核字第 2024NC6243 号

3D 打印逆向建模技术及应用
3D DAYIN NIXIANG JIANMO JISHU JI YINGYONG

选题策划　雷　霞
责任编辑　刘海霞
封面设计　李海波

出版发行　哈尔滨工程大学出版社
社　　址　哈尔滨市南岗区南通大街 145 号
邮政编码　150001
发行电话　0451-82519328
传　　真　0451-82519699
经　　销　新华书店
印　　刷　哈尔滨理想印刷有限公司
开　　本　787 mm×1 092 mm　1/16
印　　张　16
字　　数　406 千字
版　　次　2024 年 9 月第 1 版
印　　次　2024 年 9 月第 1 次印刷
书　　号　ISBN 978-7-5661-4569-7
定　　价　55.00 元
http://www.hrbeupress.com
E-mail:heupress@hrbeu.edu.cn

中国特色高水平高职学校项目建设
系列教材编审委员会

编 写 说 明

中国特色高水平高职学校和专业建设计划(简称"双高计划")是我国教育部、财政部为建设一批引领改革、支撑发展、中国特色、世界水平的高等职业学校和骨干专业(群)而实施的重大决策建设工程。哈尔滨职业技术大学(原哈尔滨职业技术学院)入选"双高计划"建设单位,学校对中国特色高水平学校建设项目进行顶层设计,编制了站位高端、理念领先的建设方案和任务书,并扎实地开展人才培养高地、特色专业群、高水平师资队伍与校企合作等项目建设,借鉴国际先进的教育教学理念,开发具有中国特色、符合国际标准的专业标准与规范,深入推动"三教改革",组建模块化教学创新团队,实施课程思政,开展"课堂革命",出版校企双元开发活页式、工作手册式、新形态教材。为适应智能时代先进教学手段应用,学校加强对优质在线资源的建设,丰富教材的载体,为开发以工作过程为导向的优质特色教材奠定基础。按照教育部印发的《职业院校教材管理办法》要求,本系列教材编写总体思路是:依据学校双高建设方案中教材建设规划、国家相关专业教学标准、专业相关职业标准及职业技能等级标准,服务学生成长成才和就业创业,以立德树人为根本任务,融入课程思政,对接相关产业发展需求,将企业应用的新技术、新工艺和新规范融入教材之中。教材编写遵循技术技能人才成长规律和学生认知特点,适应相关专业人才培养模式创新和优化课程体系的需要,注重以真实生产项目以及典型工作任务、生产流程、工作案例等为载体开发教材内容体系,理论与实践有机融合,满足"做中学、做中教"的需要。

本系列教材是哈尔滨职业技术大学中国特色高水平高职学校项目建设的重要成果之一,也是哈尔滨职业技术大学教材改革和教法改革成效的集中体现。教材体例新颖,具有以下特色:

第一,教材研发团队组建创新。按照学校教材建设统一要求,遴选教学经验丰富、课程改革成效突出的专业教师担任主编,邀请相关企业作为联合建设单位,形成了一支学校、行业、企业和教育领域高水平专业人才参与的开发团队,共同参与教材编写。

第二,教材内容整体构建创新。精准对接国家专业教学标准、职业标准、职业技能等级标准,确定教材内容体系;参照行业企业标准,有机融入新技术、新工艺、新规范,构建基于职业岗位工作需要的,体现真实工作任务、流程的内容体系。

第三,教材编写模式及呈现形式创新。与课程改革相配套,按照"工作过程系统化""项目+任务式""任务驱动式""CDIO 式"四类课程改革需要设计四种教材编写模式,创新新形态、活页式或工作手册式三种教材呈现形式。

第四,教材编写实施载体创新。根据专业教学标准和人才培养方案要求,在深入企业调研岗位工作任务和职业能力分析基础上，按照"做中学、做中教"的编写思路，以企业典型工作任务为载体进行教学内容设计，将企业真实工作任务、真实业务流程、真实生产过程纳入教材，开发了与教学内容配套的教学资源，以满足教师线上线下混合式教学的需要。同时，本系列教材配套资源在相关平台上线，可满足学生在线自主学习的需要，学生也可随时下载相应资源。

第五，教材评价体系构建创新。从培养学生良好的职业道德、综合职业能力、创新创业能力出发，设计并构建评价体系，注重过程考核和学生、教师、企业、行业、社会参与的多元评价，在学生技能评价上借助社会评价组织的"1+X"考核评价标准和成绩认定结果进行学分认定，每部教材根据专业特点设计了综合评价标准。为确保教材质量，哈尔滨职业技术大学组建了中国特色高水平高职学校项目建设成果编审委员会。该委员会由职业教育专家组成，同时聘请企业技术专家进行指导。学校组织了专业与课程专题研究组，对教材编写持续进行培训、指导、回访等跟踪服务，建立常态化质量监控机制，为修订、完善教材提供稳定支持，确保教材的质量。

本系列教材在国家骨干高职院校教材开发的基础上，经过几轮修改，融入了课程思政内容和"课堂革命"理念，既具教学积累之深厚，又具教学改革之创新，凝聚了校企合作编写团队的集体智慧。本系列教材充分展示了课程改革成果，力争为更好地推进中国特色高水平高职学校和专业建设及课程改革做出积极贡献！

哈尔滨职业技术大学
中国特色高水平高职学校项目建设系列教材编审委员会
2024 年 6 月

前　　言

在《中国制造 2025》发展战略的指导下,智能制造技术得以迅猛发展,逆向设计和增材制造技术的应用也越来越成熟,此类先进技术在教学中的占比逐年增加。在此背景下,本书根据教学的实际需求,深入实施人才强国战略,从逆向设计工程师岗位工作任务出发,参照教育部"数字化设计与制造大赛"的基本内容,以实际工作项目为引领,以逆向设计工作流程为主线,从数据采集、数据处理到数据应用,系统介绍了逆向设计的工作内容与方法,并结合 3D 打印技术完成逆向实体的快速成型,努力培养高技能人才。全书注重理论联系实践,"教学做"一体化,在重点培养逆向设计能力的同时,也融入创新设计的理念与意识。

本书具有以下特色:

1. 提炼思想政治教育要素,基于技术原理阐释及应用实践。

深入挖掘逆向工程与快速成型技术的原理及其发展应用中所蕴含的创新精神、职业规范、工匠精神及职业素养等具体化的思政教育要素,作为教材思政建设的核心内容。

2. 紧密围绕项目任务实施,强化应用性人才的全方位培养。

采用高效的产品开发流程,将知识点、技术难点和核心重点融入项目和任务中,让学生在实践中学习理论和解决问题。考核依据行业标准,确保学生达到行业水平。注重提升学生的职业素养,通过团队合作、项目管理和沟通技巧等,培养理论、实践和职业素养兼备的复合型人才。

3. 按照"项目驱动,任务引领"的原则设计教材结构。

建立以项目下达、任务实施、评价分析为核心的产品逆向设计和快速制造流程,使学生全面掌握相关知识、技术和方法,并培养良好的职业习惯,高质量完成项目。

4. 紧跟技术发展,强调应用实践的重要性。

专注于逆向工程和快速成型技术的最新发展和应用。教材内容根据新技术、工艺和设备在产品逆向设计及快速制造中的应用进行了系统编排。

本书包括 3 个学习情境,7 个任务,学习情境 1 介绍了数据采集、采集后数据的处理和逆向建模过程,并通过实际工程任务进行实践:利用扫描仪对零件表面进行三维扫描,并获取三维点云数据;利用 Geomagic Wrap 软件对点云数据进行优化处理,应用 Geomagic Design X 软件对曲面进行重构,通过偏差图进行逆向建模过程的质量分析。学习情境 2 通过熔融式 3D 打印设备完成逆向实体的快速成型。学习情境 3 利用正向建模手段设计、装配,通过激光烧结方式打印模型。本书图文并茂、学做结合、易学易懂,在案例选择上由易到难,突出典型性与实用性,将数据应用拓展到多个制造领域,符合职业院校学生的学习特点,做到了实用精炼、便于教学,使学生能够进行更深入地学习。

　　本书由哈尔滨职业技术大学陈秀和韩东担任主编,陈秀负责确定教材编写体例、统稿及定稿工作;黑龙建筑职业技术学院王子鹏和哈尔滨职业技术大学姜东全担任副主编,哈尔滨职业技术大学季静参加编写。编写分工为:陈秀负责编写学习情境1的任务1、任务2和学习情境3的任务2,韩东负责编写学习情境2的任务1和任务2,王子鹏负责编写学习情境1的任务3,姜东全负责编写学习情境3的任务1,季静负责编写学习情境3的拓展知识点1~4和任务实施部分,哈尔滨汽轮机厂有限责任公司大国工匠董礼涛与黑龙江科技大学宋胜伟教授担任主审。

　　本书在编写过程中,编者参阅了大量国内外出版的有关教材和文献资料,在此对相关编著者一并表示感谢!

　　由于编者水平有限,书中难免有不足之处,恳请读者批评指正。

目　　录

学习情境 1　液压泵油口法兰逆向设计

【学习指南】

【情境导入】

　　法兰是轴与轴之间相互连接的零件,可用于管端之间的连接,也可用于两个设备之间的连接。某液压泵站在日常巡检中发现漏油情况,经维修人员全面检测后,发现是液压泵油口法兰损坏导致漏油,现急需更换同款规格尺寸的法兰零部件。同型号适配的液压泵油口法兰弯管接头不容易寻找,因此技术人员提出可以通过逆向设计的方式,得到数据后再制造出替换件。逆向设计人员须通过对液压泵油口法兰零件数据采集、采集后数据处理以及逆向建模等一系列流程,完成对液压泵油口法兰的逆向设计,同时还需要对逆向后的模型进行比对,得出误差分析,生成报告。

【学习目标】

知识目标:

1. 完整描述逆向工程的工作流程。

2. 理解逆向工程系统组成,并能分析技术优缺点和发展趋势。

3. 熟练掌握三维扫描仪的操作要领、参数设置、数据合成与保存。

4. 准确概述三维扫描仪软件模块中的相关功能和命令。

5. 熟知 Geomagic Wrap 各模块命令和作用。

6. 能够准确描述 Geomagic Design X 软件各命令操作和作用。

能力目标:

1. 能够参照逆向工程的流程规划逆向设计步骤和路径。

2. 能够根据扫描流程要求,做好扫描准备和机器调试,制定扫描策略,完成扫描任务。

3. 能够利用 Geomagic Wrap 软件处理三维数据。

4. 能够根据模型特征使用 Geomagic Design X 软件完成模型重构。

素质目标:

1. 增强规范操作意识和安全意识,提升工作素养。

2. 具备与他人合作的团队意识、责任意识和进取精神。

3. 牢固树立产品制造的质量意识,养成注重细节、精益求精的工作习惯。

4. 提升工业审美和创造能力。

【工作任务】

任务 1　液压泵油口法兰数据采集　　　参考学时:课内 4 学时(课外 8 学时)

任务 2　液压泵油口法兰数据处理　　　参考学时:课内 4 学时(课外 8 学时)

任务 3　液压泵油口法兰逆向建模　　　参考学时:课内 4 学时(课外 6 学时)

任务 1　液压泵油口法兰数据采集

【任务工单】

学习情境 1	液压泵油口法兰逆向设计		任务 1	液压泵油口法兰数据采集
任务学时			4 学时(课外 8 学时)	
布置任务				
任务目标	1. 准确阐述数据采集的方法和设备; 2. 分析总结得出三维扫描仪的操作要领; 3. 概述三维扫描仪软件模块中的相关功能和命令; 4. 依据数据采集流程,合理规划数据采集各任务及要领			
任务描述	某液压泵站液压泵油口法兰损坏导致漏油,现急需更换同款规格尺寸的法兰零部件,如图 1-1 所示为法兰零件实物图。完全适配的液压泵油口法兰弯管接头不容易寻找,因此需要通过逆向设计制造的方式,得到数据后再制造出替换件。 图 1-1　法兰零件实物 逆向设计的第一步需要对法兰进行数据采集,请根据要求完成以下任务: 1. 调试好数据采集设备各参数; 2. 按要求完成喷粉、粘贴标志点等工作; 3. 完成物体表面数据采集并导出指定格式			
学时安排	资讯 1 学时	计划 0.5 学时	决策 0.5 学时	实施 1 学时	检查 0.5 学时	评价 0.5 学时

表（续）

提供资源	1. 三维扫描仪、显像剂、标志点； 2. 待测模型； 3. 计算机、测量相关软件、数据存储 U 盘； 4. 任务单、多媒体课件、教学演示视频及其他共享数字资源
对学生学习及成果的要求	1. 独立调试扫描设备； 2. 合理规划数据采集路径，完成标定、喷粉等前处理工作； 3. 能根据模型特点，粘贴标志点，完成表面数据采集任务； 4. 能按照学习导图自主学习，并完成课前自学的问题训练和作业单； 5. 严格遵守课堂纪律，学习态度认真、端正，能够正确评价自己和同学在本任务中的素质表现； 6. 积极参与小组工作，承担模型设计、参数设置、设备调试、加工打印等工作，做到积极主动不推诿，能够与小组成员合作完成工作任务； 7. 需独立或在小组同学的帮助下完成任务工作单并提请检查、确认，对提出的建议或有错误之处务必及时修改； 8. 每组必须完成任务工作单，并提请教师进行小组评价，小组成员分享小组评价分数或等级； 9. 完成任务反思，以小组为单位提交

【课前自学】

知识点1　逆向工程介绍

传统设计过程是根据功能和用途来设计的，采用的是从抽象到具体的思维方法，从概念出发绘制出产品的二维图纸，而后制作三维几何模型，经检查满意后制造出产品来，具体流程为构思—设计—产品，我们称之为正向设计，设计过程如图1-2所示。

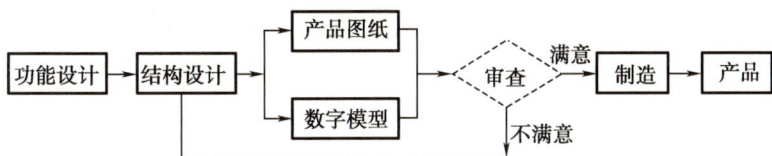

图1-2　传统设计过程

逆向工程（reverse engineering）也称反求工程或反向工程，是通过各种测量手段及三维几何建模方法，将原有实物转化为计算机上的三维数字模型，并对模型进行优化设计、分析和加工。

逆向工程是对存在的实物模型进行测量（图1-3）并根据测得的数据重构出数字模型，进而进行分析、修改、检验、输出图纸然后制造出产品的过程，其设计过程如图1-4所示。

简单说来,传统设计和制造是从图纸到零件(产品),而逆向工程的设计是从零件(或原型)到图纸,再经过制造过程到零件(产品),这就是逆向的含义。

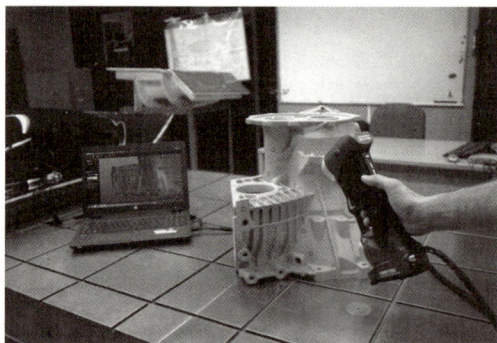

图1-3　手持扫描仪测量实物模型

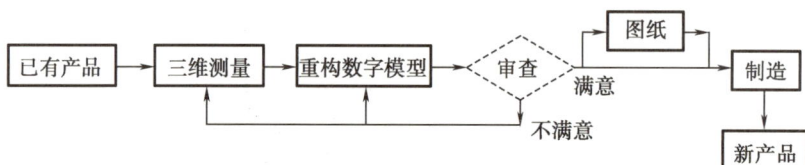

图1-4　逆向工程设计过程

　　在产品开发过程中,由于形状复杂的产品包含许多自由曲面,很难直接用计算机建立数字模型,常常需要以实物模型(样件)为依据或参考原型,进行仿型、改型或工业造型设计。如汽车车身的设计和覆盖件的制造,通常由工程师用手工制作出油泥或树脂模型形成样车设计原型,再用三维测量的方法获得样车的数字模型,然后进行零件设计、有限元分析、模型修改、误差分析和数控加工指令生成等,也可进行快速原型制造并进行反复优化评估,直到得到满意的设计结果。也可以说逆向工程就是对模型进行仿型测量、计算机辅助设计(computer-aided design,CAD)模型重构、模型加工并进行优化评估的设计方法。逆向工程一般由产品数字化、数据编辑处理和分片、生成曲线曲面和最终构造 CAD 模型四个步骤组成。

　　国家标准《机械产品逆向工程三维建模技术要求》(GB/T 31053—2014)对逆向工程的定义是:"对产品实物进行测量、拟合、编辑和重构等一系列分析方法和应用技术。"

学习小结

知识点 2 逆向工程技术应用

目前,逆向工程已被应用于众多的领域,如在没有设计图纸或者设计图纸不完整以及没有 CAD 模型的情况下,按照现有零件的模型,利用各种数字化技术及 CAD 技术重新构造原型 CAD 模型;当要设计需要通过实验测试才能定型的工件模型时,这类零件一般都具有复杂的自由曲面外形,最终的实验模型将成为设计这类零件及反求其模具的依据;在美学设计特别重要的领域,例如汽车外形设计广泛采用真实比例的木制或泥塑模型来评估设计的美学效果时,需用逆向工程的设计方法;在修复破损的艺术品或缺乏供应的损坏零件时,不需要对整个零件原型进行复制,而是借助逆向工程技术抽取零件原型的设计思想,指导新的设计,由实物反求推理出设计思想。具体应用可分为以下几方面。

1. 新产品开发

在对产品(如汽车、飞机等产品)外观有工业美学特别要求的领域,可将工业设计和逆向工程结合起来共同开发新产品。首先需要设计师利用油泥、黏土或木头等材料制作出产品的比例模型,将所要表达的意向以实体的方式表现出来,而后利用逆向工程技术将实体模型转化为 CAD 模型,进而得到精确的数字定义。如图 1-5 所示。

图 1-5 逆向工程技术应用于新产品开发

2. 产品改型设计

产品只有实物而缺乏图纸或 CAD 模型技术资料时,利用逆向工程技术对现有产品(图 1-6(a))进行表面数据采集、数据处理从而获得与实物相符的 CAD 模型(图 1-6(b)),并在此基础上进行产品改型设计(图 1-6(c))、误差分析、生成加工程序等,这是常用的产品设计方法。这种设计方法是在借鉴国内外先进设计理念和方法的基础上提高自身设计水平和理念的一种手段,该方法被广泛应用于家用电器、玩具等产品外形的修复、改造和创新设计中。

3. 产品数字化检测

零部件加工后可进行扫描测量,如图 1-7(a)所示,获得产品实物的数字化模型,如图 1-7(b)所示,并将该模型与原始设计的几何模型(图 1-7(c))在计算机上进行数据比较,如图 1-7(d)所示,可以有效地检测制造误差,提高检测精度,如图 1-7(e)所示。

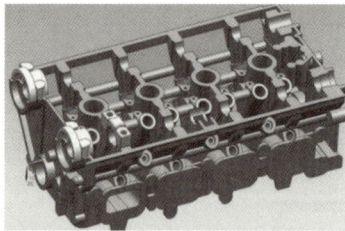

(a)产品原型　　　　　　　　　(b)产品 CAD 模型　　　　　　　　(c)产品改型

图 1-6　逆向工程技术应用于产品改型设计

(a)实物扫描

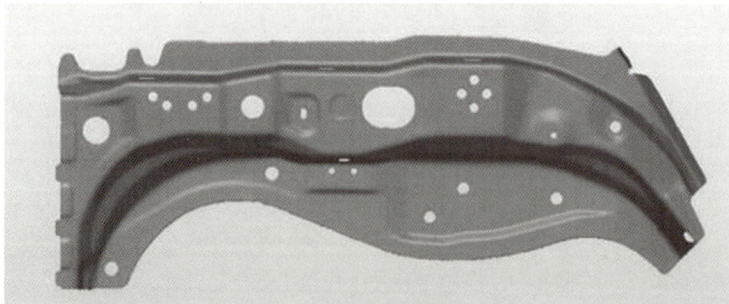

(b)产品实物扫描数据

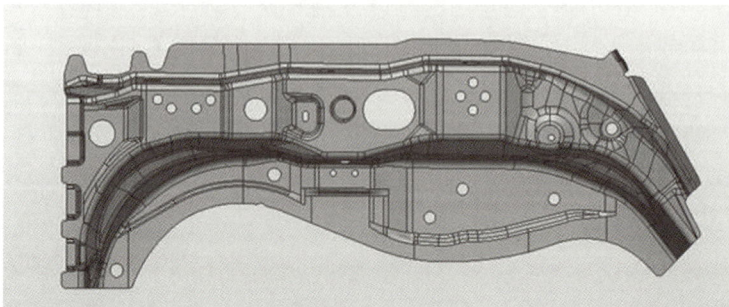

(c)模型原始 CAD 数据

图 1-7　逆向工程技术应用于产品数字化检测

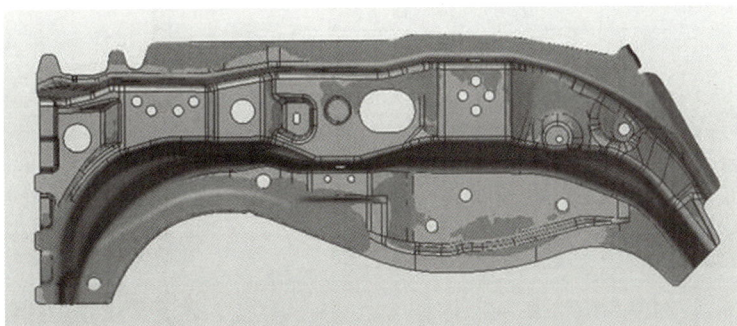

(d)原始数据与扫描数据对比

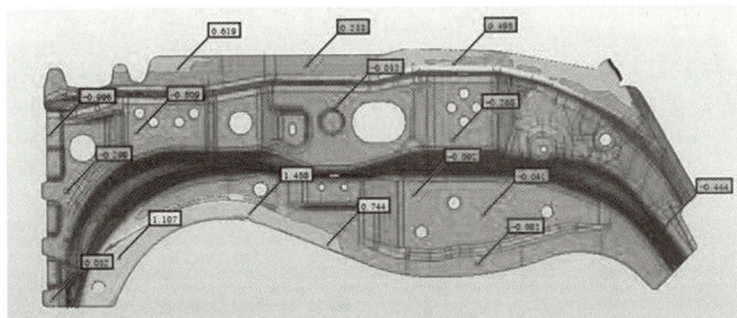

(e)检测结果分析

图1-7(续)

4.产品损坏部位的还原修复

利用逆向工程技术对产品损坏或磨损部位进行信息提取,从而进行自主开发设计、破损部位的表面数据恢复或结构的推算、还原修复等,如图1-8所示。

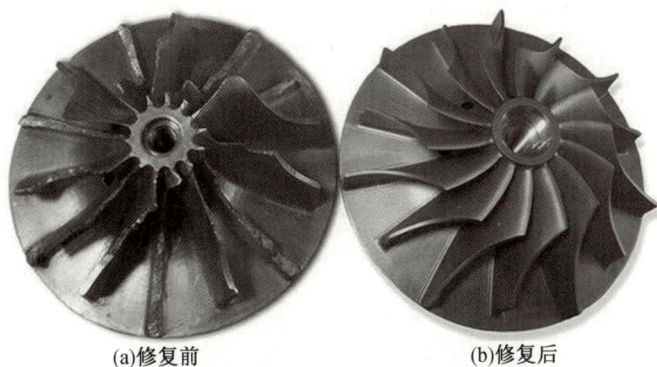

(a)修复前　　　　　　　　　(b)修复后

图1-8　逆向工程技术应用于破损叶片修复

5.快速模具制造

对现有模具进行逆向数据采集,如图1-9(a)所示,重建CAD模型并生成数控加工程序,如图1-9(b)所示,既可以提高模具的生产效率又能降低模具的制造成本,同时还可以以实物零件为对象,逆向反求其几何CAD模型,并在此基础上进行模具设计。

(a)模具数据采集   (b)重建 CAD 模型

图 1-9　逆向工程技术应用于模具制造

6. 医学领域的应用

逆向工程技术结合 3D 打印技术可以根据人体骨骼和关节的形状进行假体的设计、制作、植入及外科手术规划等,如图 1-10 所示。

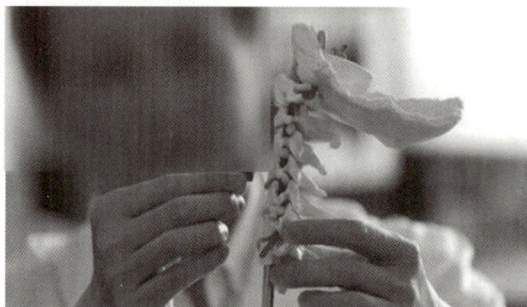

图 1-10　北京大学成功实施世界首例 3D 打印脊椎植入

7. 文物、艺术品的保护、监测和修复

对文物及艺术品进行表面数据采集,将数据保存于计算机中,待需要时调取。还可对文物或艺术品进行定期数据采集,通过两次模型的比较,找到破坏点从而制定相应的保护措施,或者进行相应的修复,如图 1-11 所示。

图 1-11　文物(兵马俑)实物与逆向数据建模

8. 个性化定制

在航空航天领域,宇航服装的制作要求非常高,需要根据不同体形特制。个性化定制即采用专用扫描设备和曲面重构软件,快速建立人体的数字化模型,根据个人形体的差异,设计制作出个性化定制产品(头盔、鞋、服装)。个性化定制还使人们在互联网上就能定制自己所需的产品。

> 国务院办公厅印发的《"十四五"文物保护和科技创新规划》提到,建设国家文物资源大数据库和构建产学研用深度融合的文物科技创新体系,是文物资源保护的重要任务。当前,全球各国都在不断探索利用前沿技术进行文物资源保护和文物修复。

学习小结

知识点3　逆向工程技术工作流程

逆向工程实施的过程可以分为产品实物的数据采集、扫描后点云的数据处理、三维模型重构和模型制造几个阶段。

产品的数据采集是基础,也是逆向工程整个过程的首要前提,是其余各阶段工作的重要保证,因为测量数据的好坏直接影响到原型 CAD 模型重构的质量。数据处理是关键,测量设备所获取的点云数据,不可避免地会带入误差和噪音,而且数量庞大,只有通过数据处理才能提高精度和曲面重构算法的效率。实物的三维模型重构是整个过程最关键、最复杂的一环,是后续产品加工制造、工程分析和产品再设计等的基础。

用逆向工程开发产品可以有两种工艺路线,首先用三维数字化测量仪器准确、快速地测量出轮廓坐标值,并建构曲面,经编辑、修改后,将图档转至一般的 CAD/计算机辅助制造(computer-aided manufacturing, CAM)系统,再由 CAM 所产生刀具的数字控制(numerical control, NC)加工路径送至计算机数字控制(computer numerical control, CNC)加工机制作所需模具,或者以增材制造技术将样品模型制作出来,其流程如图 1-12 所示。

1. 数据采集

数据采集是通过特定的测量方法和设备,将物体表面形状转化成几何空间坐标点,从而得到逆向建模以及尺寸评价所需数据的过程,如图 1-13 所示,它是逆向工程的第一步,也是后续工作的基础。数据采集设备是否能使用方便、操作简单,采集到的数据是否准确、完整,是衡量数据采集设备的重要指标,也是保证后续工作高质量完成的重要前提。产品表面三维数据的获取主要通过三维测量技术来实现,通常采用三坐标测量机(coordinate measuring machine, CMM)、激光三维扫描仪、结构光测量装置等来获取产品的三维表面坐标值。

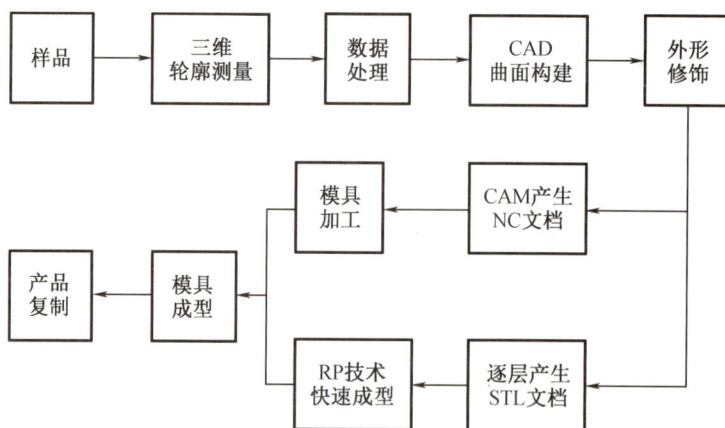

图1-12 逆向工程流程图

注:RP技术即快速原型制造(rapid prototyping manufacturing,RPM)技术,又叫快速成型(rapid prototyping,RP)技术。

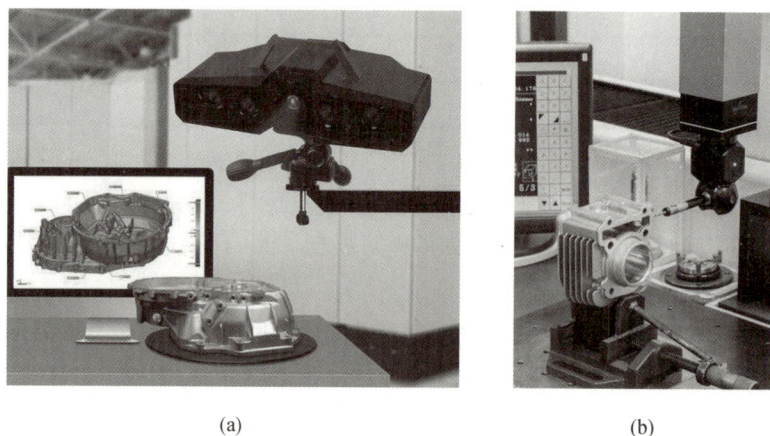

(a)　　　　　　　　(b)

图1-13 数据采集示意图

2. 数据处理

在重构三维模型之前必须对采集到的数据点进行噪音滤除、数据平滑、对齐、多视角点云合并、插值补点等数据处理。对于点云庞大的数据还需要进行数据精简,随着技术的不断更新,数据采集设备厂家一般会提供这些功能,一些专用的逆向软件也提供这方面的功能。如图1-14所示为数据处理界面。

3. 三维模型重构

三维模型重构是根据数据各面片的特性分别进行曲面拟合、拼接和匹配,使之成为连续光顺的曲面,从而获得原实物样件模型的过程。在处理好测量数据之后即可以开始进行三维模型重构,如图1-15所示。三维模型重构有两种方法:对于精度要求较低、形面复杂的如玩具、艺术品等的逆向设计,常基于三角面片直接建模;对于精度要求较高、形面复杂产品的逆向开发,常采用参数建模的方法,以点云为依据,通过构建点、线、面,还原初始三维模型。三维模型的重构是逆向工程的关键步骤,它需要设计人员能熟练使用软件,还原设计思路并结合实际情况完成造型创新设计。

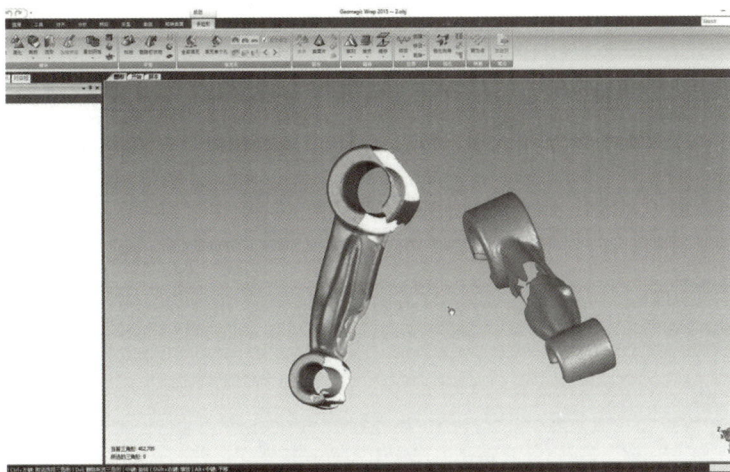

图1-14　数据处理界面

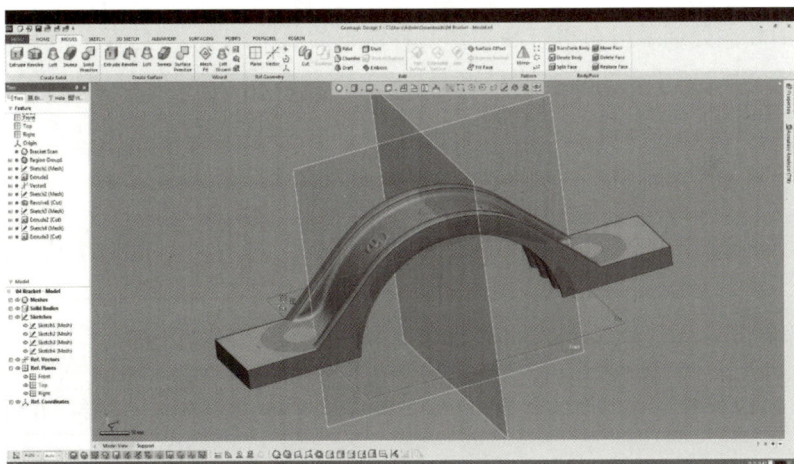

图1-15　模型重构界面

4. 模型制造

三维数据模型重构后,可进行模型的生产制造。模型制造可采用快速成型制造技术、数控加工技术、模具制造技术等。这一步是形成逆向工程制造闭环反馈系统的关键一环,它能够充分发挥逆向工程系统的优势,拓宽其应用领域。快速成型制造也称为快速成型,是制造技术的一次飞跃,它从成型原理上提出了一个全新的思维模式。自从这种材料累加成型思想产生以来,研究人员开发出了多种快速成型工艺方法,如立体光固化成型(stereo lithography appearance,SLA)、选择性激光烧结(selective laser sintering,SLS)、选区激光融化(selective laser melting,SLM)、分层实体制造(laminated object manufacturing,LOM)、熔融沉积制造(FDM)等。

沈阳飞机工业(集团)有限公司(简称沈飞)采用逆向工程技术在苏-27的基础上生产出的歼-11系列,毫无疑问地成为中国空军的主力战机。说明科研创新应善用逆向工程。搜一搜,逆向技术在科技研发中还有哪些典型的案例?

学习小结

知识点4　逆向工程系统的软硬件组成

从逆向工程技术的工作流程可以看出,产品实物的逆向设计首先通过数据采集设备以及各种先进的数据处理手段获得产品实物或者模型的数字信息,然后充分利用成熟的逆向工程技术快速、准确地建立实体三维模型,经过工程分析和 CAM 编程加工出产品模型,最后制成产品,实现产品或者模型→再设计(创新)产品的开发流程。完成这一实施流程的逆向工程系统可分为测量系统和设计系统,同时也可分为软件和硬件,见表1-1。

表1-1　逆向工程系统组成

功能	硬件	软件
测量	测量设备、计算机	数据采集配套软件
设计	计算机	三维 CAD 软件

1.测量设备

逆向工程技术实施的硬件包含前期的三维测量设备和后期的产品制造设备。产品制造设备主要有切削加工设备,还有近几年发展迅速的快速成型设备。

三维测量设备为产品三维数字化信息的获取提供了硬件条件。目前用来采集物体表面数据的测量设备和方法多种多样,不同的测量方式,决定了测量本身的精度、速度和经济性,测量数据类型及后续处理方式也不同。目前常用的数据采集方法分为接触式数据采集和非接触式数据采集两大类。接触式可进一步分为触发式和连续式;非接触式按其原理不同,分为光学式和非光学式,其中光学式包括三角形法、结构光法、激光干涉法、计算机视觉法等。每种方法各有优缺点,并且有一定的适用范围,所以在应用时应根据被测物体的特点及对测量精度的要求来选择对应的测量设备。

2. 常用设计软件介绍

目前主流应用的逆向工程软件有 Geomagic、Imageware、Copy CAD、RapidForm、PloyWorks 等。CAD/CAM 集成系统中也开始集成了逆向设计模块,如 CATIA 中的 DES、QUS 模块,Pro/E 中的 Pro/SCAN 功能,UG 软件已将 Imageware 集成为其专门的逆向模块。而这些系统的出现,极大地方便了逆向工程设计人员,为逆向工程的实施提供了软件支持。下面就专用的逆向造型软件做简单介绍。

（1）Geomagic

Geomagic 是一家世界级的软件及服务公司,总部设在美国北卡罗来纳州的三角开发区,在欧洲和亚洲有分公司,经销商分布在世界各地。在众多工业领域,比如汽车、航空、医疗设备和消费产品,许多专业人士在使用 Geomagic 软件和服务。公司旗下主要产品为 Geomagic Wrap、Geomagic Design X 和 Geomagic Control。Geomagic 软件在数字化扫描后的数据处理方面具有明显的优势,受到使用者广泛青睐。

Geomagic Wrap 包含了点云和多边形编辑功能以及精确表面处理等强大的造面工具,可以转换已捕获的三维数据与打印文件到三维模型,更快地创建高质量的三维模型,被应用于制造、工程、艺术、娱乐、考古、医疗等其他不同领域。

Geomagic Design X 是将三维扫描数据转化为数字参数 CAD 模型,它可实现包括提取自动的和导向性的实体模型、将精确的曲面拟合到有机三维扫描数据、编辑面片以及处理点云数据在内的诸多功能。

Geomagic Control 是可加快流程速度而且可进行深入分析并确保可重复性的自动检验软件。Geomagic Control 建立了 CAD 和 CAM 之间所缺乏的重要联系纽带,从而实现了完全数字化的制造环境。允许在 CAD 模型与实际构造部件之间进行快速、明了的图形比较,可用于首件检验、线上检验或车间检验、趋势分析、二维和三维几何测量以及自动报告等。

（2）Imageware

Imageware 软件由美国 EDS 公司出品,是常用的逆向工程软件,Imageware 采用 NURBS 技术,功能强大,处理数据的流程遵循点→曲线→曲面原则,流程清晰,并且易于使用。该软件较多应用于航空航天和汽车工业领域,因为这两个领域对空气动力学性能要求很高,在产品开发的开始阶段就要认真考虑空气动力性。常规的设计流程首先根据工业造型需要设计出结构,制作出油泥模型之后将其送到风洞实验室去测量空气动力学性能,然后再根据实验结果对模型进行反复修改直到获得满意结果为止,如此所得到的最终油泥模型才是符合需要的模型。

（3）Copy CAD

Copy CAD 是英国 DELCAM 公司的专业化逆向/正向混合设计 CAD 系统,采用全球首个 Tribrid Modelling 三角形、曲面和实体三合一混合造型技术,集三种造型方式为一体,创造性地引入了逆向/正向混合设计的理念,成功地解决了传统逆向工程中系统不能相互切换、烦琐耗时等问题,为工程人员提供了人性化的创新设计工具,从而使得"逆向重构+分析检验+外形修饰+创新设计"在同一系统下完成。Copy CAD 具有高效的巨大点云数据运算处理和编辑能力,提供了独特的点对齐定位工具,可快速、轻松地对齐多组扫描点组,快速生成整个模型;自动三角形化向导可通过扫描数据自动产生三角形网格,最大限度地避免了人为错误;交互式三角形雕刻工具可轻松、快速地修改三角形网格,增加或删除特征或是对模型进行光顺处理;精确的误差分析工具可在设计的任何阶段对照原始扫描数据对生成模型进行误差检查;Tribrid Modelling 三合一混合造型方法不仅可进行多种方式的造型设计,而且可对几种造型方式混合布尔运算,提供了灵活而强大的设计方法;设计完毕的模型可在 Delcam Power MILL 和 Delcam Feature CAM 中进行数控加工。

（4）RapidForm

RapidForm 软件是 INUS 公司出品的逆向工程软件。RapidForm 软件提供了新一代运算模式:多点云处理技术、快速点云转换成多边形曲面的计算方法、彩色点云数据处理等功能,可实时将点云数据运算转换成无接缝的多边形曲面,成为三维扫描后处理最佳的接口。彩色点云数据处理功能,即将颜色信息映像在多边形模型中。在曲面设计过程中,颜色信息将完整保存,也可以运用 RP 成型设备制作出有颜色信息的模型。RapidForm 软件也提供上色功能,通过实时上色编辑工具,使用者可以直接对模型编辑喜欢的颜色。

（5）PolyWorks

PolyWorks 是加拿大 InnovMetric 公司开发的点云处理软件,提供工程和制造业三维测量解决方案,包含点云扫描、尺寸分析与比较、CAD 和逆向工程等功能。领先的汽车和航空原始设备制造商(original equipment manufacture,OEM),如宝马、波音、戴克、福特、通用、本田、劳斯莱斯、丰田和大众及其供应商,在日常的点云扫描、尺寸分析和逆向工程作业中使用 PolyWorks。

PolyWorks 提供了高级的三角化建模方法,能处理其他软件不能处理的大点云数据;并同世界最大的汽车、航空和消费品制造商广泛合作,将点云技术应用于工装和装配工程,以缩短产品上市时间;开发了通用平台,不仅支持所有点云扫描技术,同时支持主要品牌的接触式便携探测设备,从而降低了培训成本,提高了雇员的生产效率,并能在整个组织中共享测量项目。

搜一搜:我国自主研发的关于逆向技术软件的案例,有哪些技术优势?

学习小结

知识点 5　数据采集原理与方法介绍

1. 数据采集原理

数据采集是指通过特定的测量方法和设备,将物体表面形状转换成几何空间坐标点,从而得到逆向建模以及尺寸评价所需数据的过程。选择快速而精确的数据采集系统,是实现逆向设计的前提条件,它在很大程度上决定了所设计产品的质量、设计的效率和成本。常见的数据采集系统有多种形式,采集原理不同,所能达到的精度、数据采集的效率以及所需投入的成本也不同。

根据采集时测头是否与被测量零件接触,可将采集方法分为接触式(contact)和非接触式(non-contact)和组合式三类。其中,接触式测量根据测头的不同,可分为触发式和连续扫描式等类型,常见的有 CMM 和关节式坐标测量机。非接触式测量主要有基于光学的激光三角法、激光测距法、结构光法、激光跟踪法、锥光全息法,以及基于声波、磁学的方法等。这些方法都有各自的特点和应用范围,具体选用何种测量方法和数据处理技术应根据被测物体的形体特征和应用目的来决定。各种数据采集方法分类如图 1-16 所示。

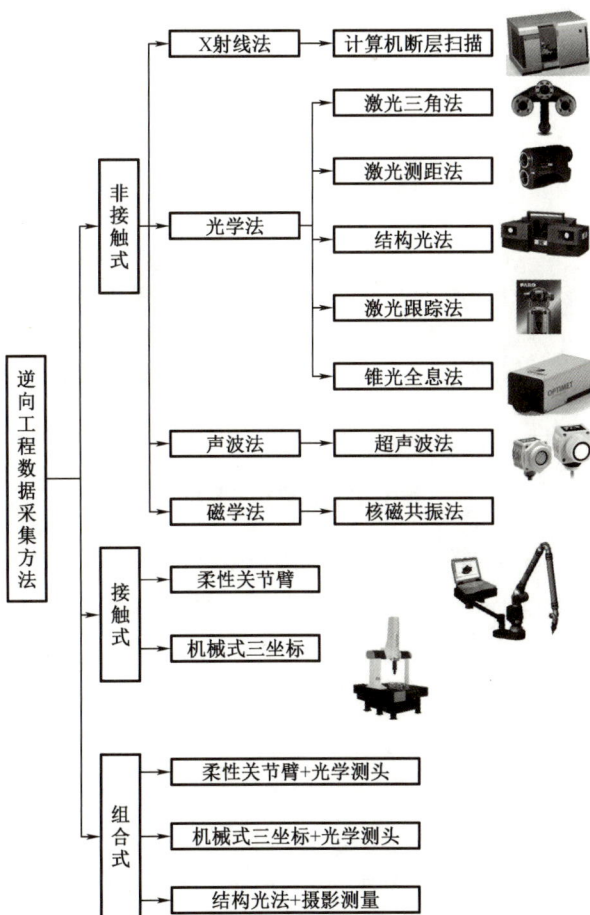

图 1-16　逆向工程数据采集方法分类

2. 接触式测量方法

接触式三维数据测量是利用测量探头与被测量物体的接触,触发一个记录信息,并通过相应的设备记录下当时的标定传感器数值,从而获得三维数据信息。在接触式测量方法中,CMM 是应用最为广泛的一种测量设备。接触式测量方法通过接触式探头沿样件表面移动并与表面接触时发生变形,检测出接触点的三维坐标,按采样方式又可分为单点触发式和连续扫描式两种。CMM 对被测物体的材质和色泽没有特殊要求,可达到很高的测量精度,对物体边界和特征点的测量相对精确,对于没有复杂内部型腔、特征几何尺寸多、只有少量特征曲面的规则零件反求特别有效。CMM 主要用于生产制造过程中产品的检测,主要缺点是效率低,测量过程过分依赖于测量者的经验,特别是对于几何模型未知的复杂产品,难以确定最优的采样策略与路径。

图 1-17 所示为两种结构的三坐标测量机,一种是框架式,另一种是关节式。关节式三坐标测量机是一种新型的非正交式坐标测量机,仿照人体关节结构,以角度基准取代长度基准,由几根固定长度的"臂"通过绕互相垂直轴线转动的关节(分别称为肩、肘和腕关节)互相连接,在最后的转轴上装有探测系统。

(a)框架式三坐标测量机   (b)关节式三坐标测量机

图 1-17 三坐标测量机

与传统的框架式三坐标测量机相比,关节式三坐标测量机具有体积小、质量小、便于携带、测量灵活、测量空间大、环境适应性强、成本低等优点,被广泛应用于航空航天、汽车制造、重型机械、轨道交通、产品检具制造、零部件加工等多个行业。通常情况下,关节式三坐标测量机的精度比传统的框架式三坐标测量机精度要略低,一般为 10 μm 级以上,加上只能手动,所以选用时要注意应用场合。

3. 非接触式测量方法

随着快速测量的需求及光电技术的发展,以计算机图像处理为主要手段的非接触式测量技术得到飞速发展,该方法主要是基于光学、声学、磁学等领域中的基本原理,将一定的物理模拟量通过适当的算法转化为样件表面的坐标点。一般常用的非接触式测量方法包括被动视觉和主动视觉两大类。

（1）被动视觉方法

被动视觉方法中无特殊光源，只能接收物体表面的反射信息，设备简单，操作方便，成本低，用于户外和远距离观察中，特别适用于由于环境限制不能使用特殊照明装置的应用场合，但其算法复杂、精度较低。被动视觉方法的理论基础是计算机视觉中的三维视觉重建。根据可利用的视觉信息，被动视觉方法包括由明暗恢复形状、由纹理恢复形状、光度立体法、立体视觉和由遮挡轮廓恢复形状等，在工程中应用较多的是立体视觉方法。

立体视觉又称为双目视觉或机器视觉，其基本原理是从两个（或多个）视点观察同一景物，以获取不同视角下的感知图像，通过三角测量原理计算图像像素间的位置偏差（即视差）来获取景物的三维信息，这一过程与人类视觉的立体感知过程是类似的。

立体视觉的测量原理如图1-18所示，其中P是空间中任意一点，o_1、o_r是两个摄像机的光心，类似于人的双眼，P_{el}、P_{cr}是P点在两个成像面上的像点。空间中P、o_1、o_r只形成一个三角形，且连线$o_1 P$与像平面交于P_{el}点，连线$o_r P$与像平面交于P_{cr}点。因此，若已知像点P_{el}、P_{cr}，则连线$o_1 P$和$o_r P$必交于空间点P，这种确定空间点坐标的方法称为三角测量法。

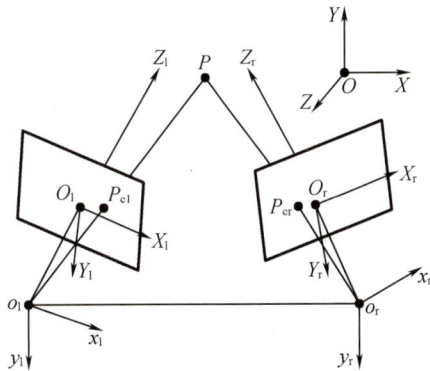

图1-18　立体视觉测量原理

一个完整的立体视觉系统通常由图像获取、摄像机标定、特征提取、立体匹配、深度计算和数据处理六部分组成。由于它直接模拟了人类视觉的功能，可以在多种条件下灵活地测量物体的立体信息；而且通过采用高精度的边缘提取技术，可以获得较高的空间定位精度（相对误差为1%～2%），因此在计算机被动测距中得到了广泛应用。但立体匹配始终是立体视觉中最重要也是最困难的问题，其有效性有赖于三个问题的解决，即选择正确的匹配特征、寻找特征间的本质属性及建立能正确匹配所选特征的稳定算法。虽然已提出了大量各具特色的匹配算法，但场景中光照、物体的几何形状与物理性质、摄像机特性、噪音干扰和畸变等诸多因素的影响，至今仍未有很好的解决方法。

（2）主动视觉方法

随着主动测距技术的日趋成熟，在条件允许的情况下，工程应用更多使用的是主动视觉方法。主动视觉是指测量系统向被测物体投射出特殊的结构光，通过扫描、编码或调制，结合立体视觉技术来获得被测物的三维信息。对于平坦的且无明显灰度、纹理或形状变化的表面区域，用结构光可形成明亮的光条纹，作为一种"人工特征"施加到物体表面，从而方便图像的分析和处理。根据不同的原理,应用较为成熟的主动视觉方法可又分为激光三角法和结构光法两类。

①激光三角法

激光三角法是目前应用最广泛的一种主动视觉方法。激光三角法的测量原理如图1-19所示,用一束激光以某一角度聚焦在被测物体表面,经一组可改变方向的反射镜组成的扫描装置变向后,投射到被测物体上。摄像机固定在某个视点上观察物体表面的漫射点,图中激光束的方向角α、摄像机与反射镜间的基线位置是已知的,β可由焦距f和成像点的位置确定。因此,根据光源、物体表面反射点及摄像机成像点之间的三角关系,可以计算出表面反射点的三维坐标。

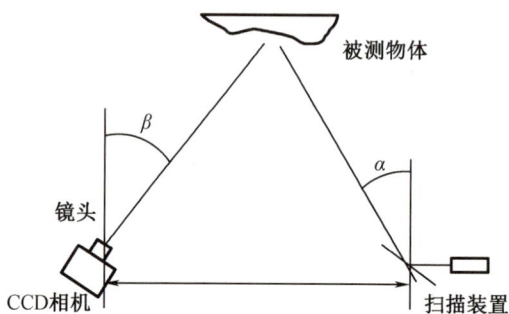

图1-19 激光三角法的测量原理图

激光三角法具有测量速度快、精度高(±0.05 mm)等优点,但存在的主要问题是对被测表面的粗糙度、漫反射率和倾角过于敏感,存在由遮挡造成的阴影效应,对突变的台阶和深孔结构容易产生数据丢失。

手持式激光扫描仪是应用激光三角法的典型设备,如图1-20所示,它利用光学敏感元件之间的位置和角度关系来计算零件表面点的坐标数据。

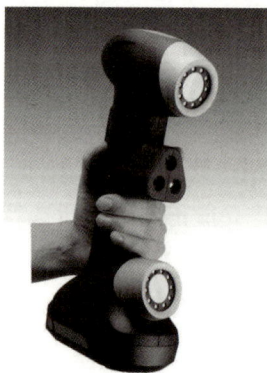

图1-20 手持式激光扫描仪

手持式激光扫描仪的关键部分包括:

a.电荷耦合器(charge coupled device,CCD)相机,用于拍摄图像;

b. 激光发射器,用于发射激光;

c. 发光二极管(light-emitting diode,LED)灯,用于屏蔽周围环境光对扫描精度的影响。

手持式激光扫描仪具有极高的可重复性和可追踪性,不论环境条件、部件设置和用户情况如何,都能实现高精确性;手持式激光扫描仪已成功应用于文物保护、城市建筑测量、地形测量、采矿、变形监测、大型结构、管道设计、飞机和船舶制造、公路和铁路建设、隧道工程应用、轴向重建等领域。

②结构光法

在主动视觉方法中,除了激光外,也可以采用光栅或白光源投影。结构光三维扫描是集结构光技术、相位测量技术、计算机视觉技术于一体的复合三维非接触式测量技术。把光栅投影到被测物表面上,受到被测样件表面高度的调制,光栅投影线发生变形,变形光栅携带了物体表面的三维信息,通过解调变形的光栅投影线,从而得到被测表面的高度信息。其原理如图 1-21 所示,入射光线 P 照射到参考平面上的 A 点,放上被测物体后,P 照射到物体上的 B 点,此时从图示方向观察,A 点移到新的位置 C 点,距离 AC 就携带了物体表面的高度信息 $z=h(x,y)$,即高度受到了表面形状的调制。按照不同的解调原理,就形成了诸如莫尔条纹法、傅里叶变换轮廓法和相位测量法等多种投影光栅的方法。

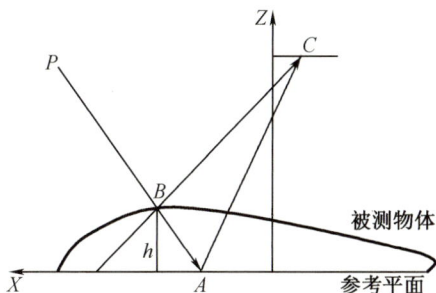

图 1-21 结构光投影法原理图

投影光栅法的主要优点是测量范围大、速度快、成本低、易于实现,且精度较高;缺点是只能测量表面起伏不大的物体,对于表面变化剧烈的物体,在陡峭处往往会发生相位突变,使测量精度大大降低。

结构光扫描采用的是照相式三维扫描技术,它是一种结合相位和立体视觉的技术,典型的结构光三维测量系统的结构简图如图 1-22 所示。此系统由一个数字光栅投影装置和一个(或多个)CCD 相机组成,测量时使用数字光栅投影装置向被测物体投射一组光强呈正旋分布的光栅图像,并使用 CCD 相机同时拍摄经被测物体表面调制而变形的光栅图像;然后利用拍摄到的光栅图像,根据相位计算方法得到光栅图像的绝对相位值;最后根据预先标定的系统参数或相位-高度映射关系从绝对相位值计算出被测物体表面的三维点云数据。此系统涉及相位计算、系统参数标定和三维重建等多个关键技术。

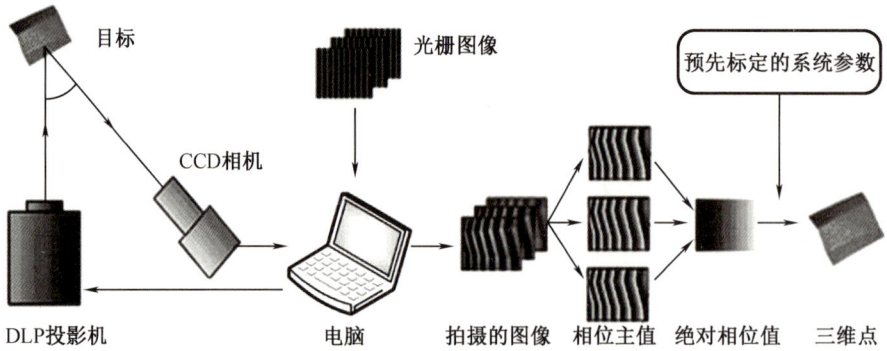

图1-22 结构光三维测量系统的结构简图

总的来说,数字化方法的精度决定了 CAD 模型的精度及反求的质量,测量速度也在很大程度上影响着逆向过程的快慢。目前,常用的各种方法在这两方面各有优缺点,且有一定的适用范围,所以在应用时应根据被测物体的特点及对测量精度的要求来选择对应的测量方法。在接触式测量方法中,CMM 是应用最为广泛的一种测量设备;而在非接触式测量方法中,结构光法被认为是目前最成熟的三维形状测量方法,在工业界广泛应用,德国 GOM 公司研发的 ATOS 测量系统、Steinbicher 公司的 COMET 测量系统都是这种方法的典型代表。CMM 接触式测量与基于光学方法的非接触式测量各有其优势与不足,在实际测量中,两种测量技术的结合为逆向工程带来很好的弹性,有助于逆向工程的进行。

学习小结

知识点6 三维测量设备软硬件介绍

1.硬件系统组成介绍

Win3DD 三维测量系统主要由投影设备、CCD 相机、线缆、标定板、云台和三脚架等组成。图 1-23 为 Win3DD 硬件系统结构图,图 1-24 为 Win3DD 扫描头内各部分示意图,图 1-25 为云台、三脚架示意图。扫描头与快装板用螺丝相连接,后与云台连接装卡,硬件系统装卡完毕。拆分时,按住云台快装板按钮,拔起扫描头即可。三脚架主要用来稳定扫描仪并且调整扫描仪高度,云台主要用来调整扫描仪的俯仰角度。调整云台旋钮可使扫描头进行上下左右水平转向。调整三脚架旋钮可对扫描头高低进行调整。

本次测量系统暂以 Win3DD 型实验器材为例做说明,用于讲解系统组成。

注意事项:

(1)禁止碰触相机镜头和光栅投射器镜头。

(2)避免扫描系统发生碰撞,造成不必要的硬件系统损坏或影响扫描数据质量。

(3)调整位置时,扫描头扶手仅在云台对扫描头做上下、水平左右调整时使用。

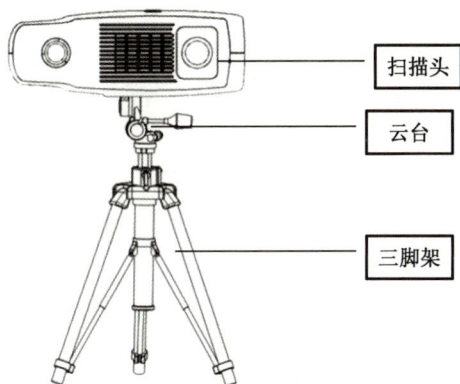

图 1-23　Win3DD 硬件系统结构图

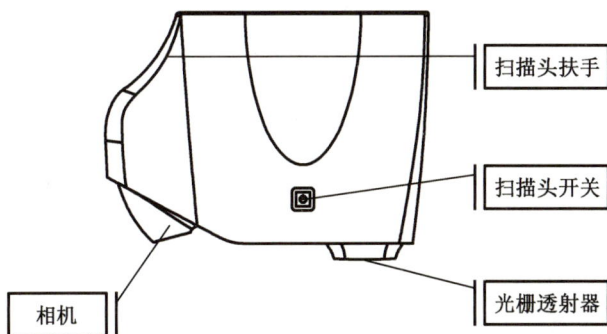

图 1-24　Win3DD 扫描头内各部分示意图

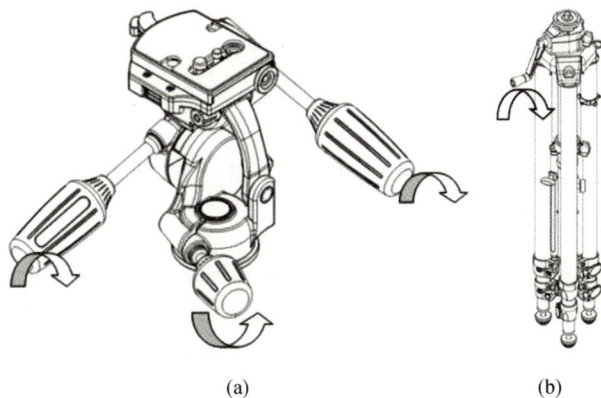

(a)　　　　　　　　　　　　(b)

图 1-25　云台、三脚架示意图

（4）云台及三脚架在角度、高低调整结束后，一定要将各方向的螺钉锁紧，否则可能会由于固定不紧造成扫描头内部器件发生碰撞，导致硬件系统损坏；也可能在扫描过程中硬件系统晃动，对扫描结果产生影响。

（5）不可拆解线缆进行线缆拔除操作时须严格按照如图1-26所示操作：用手握住方框内的圆柱体向后拉即可成功拔除。线缆拔除时严禁拉拽方框之外的任何区域。

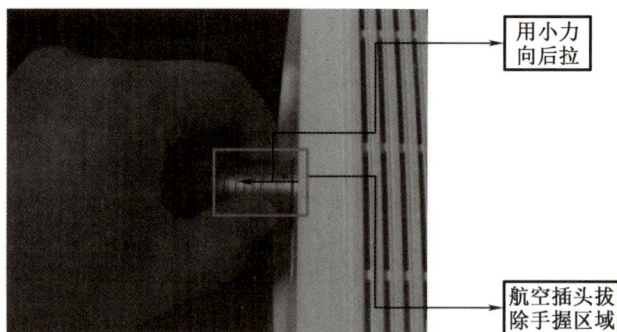

图1-26　线缆拔除操作

2.标定

（1）标定概念

标定就是通过建立成像的几何模型并求解模型参数来确定扫描物体表面某点的三维几何位置与其在图像中对应点之间的相互关系的过程。标定的精度将直接影响系统的扫描测量精度。

一般遇到以下情况需要进行标定：

①测量系统初次使用，或长时间放置后使用；

②测量系统使用过程中发生碰撞，导致相机位置偏移；

③测量系统在运输过程中发生严重震动；

④测量过程中发现精度严重下降，如频繁出现拼接错误、拼接失败等现象；

⑤更改扫描测量范围时对相机进行位置调整；

⑥扫描测量精度要求较高时，也可通过重新标定获得。

（2）标定板认知

图1-27所示为标定板，系统拍摄标定板在不同位置的图像，通过一系列计算来实现对系统的标定。一般根据扫描物体的大小，选择不同尺寸的标定板。

注意：使用过程中请保持标定板干净整洁，确保标记点准确完整。

（3）系统参数标定原理

系统参数标定是面结构光测量系统中的关键技术之一，其内容包括相机成像模型及参数标定算法。本书简要介绍相机成像模型。此处作为标定成像原理解释，可根据接受程度自行选学，不影响后续操作。

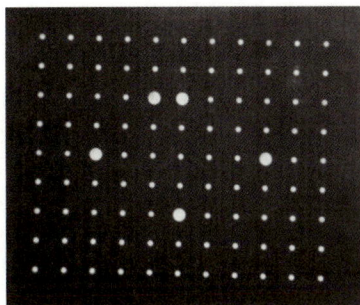

图 1-27　标定板

①小孔成像模型

相机模型是光学成像几何关系的简化,小孔模型(pinhole model)是最简单的相机成像模型,它是相机标定算法的基本模型。图 1-28 是一个典型的小孔成像模型示意图。图中包括世界坐标系(X_w,Y_w,Z_w)、相机坐标系(X_c,Y_c,Z_c)、图像像素坐标系(u,v)。假设空间内任意一点 p 的三维坐标在世界坐标系和相机坐标系下分别为(x_w,y_w,z_w)和(x_c,y_c,z_c),它在相机成像平面上的投影点为(u,v),则它们的透视投影几何关系可表示为

$$\begin{bmatrix} u \\ v \\ 1 \end{bmatrix} = \begin{bmatrix} s_x & 0 & u_0 \\ 0 & s_y & v_0 \\ 0 & 0 & 1 \end{bmatrix} \begin{bmatrix} x_c \\ y_c \\ 1 \end{bmatrix} \tag{1-1}$$

式中,(s_x,s_y)为图像平面单位距离上的像素数$(pixels/mm)$;(u_0,v_0)为相机光轴与图像平面的交点,即计算机图像中心的坐标。

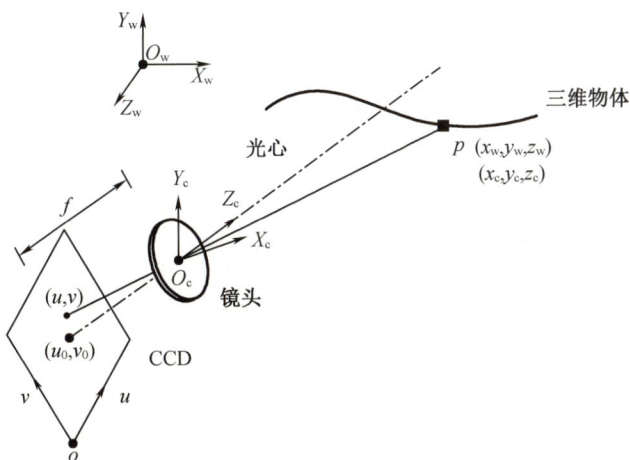

图 1-28　小孔成像模型示意图

假设相机坐标系与世界坐标系的转换关系为

$$\begin{bmatrix} x_c \\ y_c \\ z_c \\ 1 \end{bmatrix} = \begin{bmatrix} \boldsymbol{R} & \boldsymbol{T} \\ \boldsymbol{0} & 1 \end{bmatrix} \begin{bmatrix} x_w \\ y_w \\ z_w \\ 1 \end{bmatrix} \tag{1-2}$$

式中，R 和 T 分别为从世界坐标系到相机坐标系的旋转和平移变换，R 是一个 3×3 的正交矩阵，T 是一个 3×1 的平移向量。

将式(1-2)带入式(1-1)可得到 p 点在世界坐标系下的坐标 (x_w, y_w, z_w) 与其投影点坐标 (u, v) 的投影关系：

$$z_c \begin{bmatrix} u \\ v \\ 1 \end{bmatrix} = \begin{bmatrix} a_x & 0 & u_0 & 0 \\ 0 & a_y & v_0 & 0 \\ 0 & 0 & 1 & 0 \end{bmatrix} \begin{bmatrix} R & T \\ 0 & 1 \end{bmatrix} \begin{bmatrix} x_w \\ y_w \\ z_w \\ 1 \end{bmatrix} \tag{1-3}$$

式中，$a_x = f \times s_x$，$a_y = f \times s_y$。式(1-3)可简写为

$$s\tilde{p} = A[R \quad t]\tilde{P} = M\tilde{P} \tag{1-4}$$

式中，s 为尺度因子；$\tilde{P} = [X_w, Y_w, Z_w]^T$，$\tilde{p} = [u, v, 1]^T$，分别为空间点 p 和其像点的齐次坐标；$[R \quad t]$ 为外部参数矩阵 $M = A[R \quad t]$，为投影矩阵；A 为内部参数矩阵，且

$$A = \begin{bmatrix} a_x & 0 & u_0 \\ 0 & a_y & v_0 \\ 0 & 0 & 1 \end{bmatrix} \tag{1-5}$$

由式(1-4)可见，如果已知相机的内部参数和外部参数，则可确定出投影矩阵 M。对任何空间点 p，如果已知空间三维坐标 (x_w, y_w, z_w)，就可以求出其图像坐标点 (u, v)。反之，如果已知空间内某点的图像坐标 (u, v)，即使已知相机的内外部参数，也不能确定出空间点的三维坐标。这是因为：投影矩阵 M 不可逆，当已知 $\tilde{P}$ 和 M 时，由式(1-4)只能得到关于 x_w、y_w、z_w 的两个线性方程，这两个线性方程即为由光心和像点构成的射线方程，即根据一幅图像中的图像坐标只能计算出空间内对应的一条线，无法唯一确定空间点的位置。

②镜头畸变

实际的相机光学系统中存在装配误差和加工误差，使得物体点在相机图像平面上实际所成的像与理想成像之间存在偏差，这种偏差即为光学畸变误差。畸变误差主要分为径向畸变、偏心畸变和薄棱镜畸变三类。第一类只产生径向位置的偏差，后两类则既产生径向偏差，又产生切向偏差。关于这三类畸变的具体模型和表达方式可参考相关文献。对于大多数工业镜头，镜头畸变主要是由径向畸变尤其是一阶径向畸变引起的，当畸变阶数增加时，不仅不能提高标定精度，反而会引起解算过程中的数值不稳定。

为了得到较好的标定和测量精度，本书使用二阶径向畸变，假设 (u, v) 为理想的图像坐标，$(\tilde{u}, \tilde{v})$ 为实际的图像坐标。类似地，(x, y) 和 $(\tilde{x}, \tilde{y})$ 为理想的和实际的归一化图像坐标，此时：

$$\left. \begin{array}{l} \tilde{x} = x + x[k_1(x^2 + y^2) + k_2(x^2 + y^2)^2] \\ \tilde{y} = y + y[k_1(x^2 + y^2) + k_2(x^2 + y^2)^2] \end{array} \right\} \tag{1-6}$$

式中，k_1、k_2 为径向畸变系数。

由于径向畸变的中心和摄像机的主点(u_0,v_0)重合,由 $\tilde{u}=u_0+\alpha\tilde{x}+\gamma\tilde{y}$ 和 $\tilde{v}=v_0+\beta\tilde{y}$ 可得

$$\left.\begin{aligned}\tilde{u}&=u+(u-u_0)\left[k_1(x^2+y^2)+k_2(x^2+y^2)^2\right]\\\tilde{v}&=v+(v-v_0)\left[k_1(x^2+y^2)+k_2(x^2+y^2)^2\right]\end{aligned}\right\} \tag{1-7}$$

由上述摄像机模型可见,待标定的摄像机参数包括外部参数$(\boldsymbol{R},\boldsymbol{t})$和内部参数$(a_x,a_y,u_0,v_0,k_1,k_2)$。

3. 软件系统操作

三维测量系统软件是与三维测量系统的硬件配套使用的,因此在启动软件时,要确定硬件连接正确,接通所有硬件的电源,启动计算机和三维扫描仪。系统操作流程如图1-29所示。

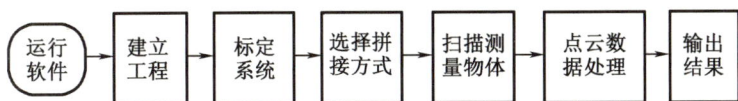

图1-29　系统操作流程

打开软件后,点击采集菜单栏扫描命令即可启动运行三维扫描系统。扫描系统运行后,首先显示如图1-30所示界面。

图1-30　系统界面图

4. 环境要求

环境温度: $-10\sim35$ ℃(为达到最佳测量精度,将机器至于恒温环境为宜)。

环境空气湿度: 10%~90%非液化(请尽量保持环境干燥)。

环境光线:应将本机器置于无频闪光源、弱光照的稳定光强环境。

工作环境:置于可稳定放置的环境中工作。通常将其与三脚架稳固连接,或者直接将其置于工作平台上使用。

其他要求:工作时扫描仪与样品的工作距离应保持固定,直至扫描结束(周围无震动

源）。请勿敲击、碰撞本产品，运输时请将其置于工具箱中，轻拿轻放。

华中科技大学快速制造中心2001年开始，在国家科技支撑计划、欧盟第七个研究与技术开发框架计划（第七框架计划）、国家自然科学基金、湖北省自然科学基金创新群体和博士后科学基金等多项国家与省部级科研项目的资助下，完成了相位计算、系统参数标定、全局误差控制和高速计算模式等多项关键技术，研发了具有完全自主知识产权的PowerScan系列快速三维测量系统，以非接触方式进行快速、高精度的三维测量，整体性能指标达到国际先进水平，特别适用于复杂物体的逆向设计和精度检测，是航空航天、汽车、家电等领域产品开发和精度检测的必备工具。

学习小结

～～～～～～～～～～～～～～～～～～～～～～～～～～～～～～～～
～～～～～～～～～～～～～～～～～～～～～～～～～～～～～～～～
～～～～～～～～～～～～～～～～～～～～～～～～～～～～～～～～
～～～～～～～～～～～～～～～～～～～～～～～～～～～～～～～～
～～～～～～～～～～～～～～～～～～～～～～～～～～～～～～～～
～～～～～～～～～～～～～～～～～～～～～～～～～～～～～～～～
～～～～～～～～～～～～～～～～～～～～～～～～～～～～～～～～

知识点7　数据采集流程

1. 数据采集步骤

测量前，正确连接系统线缆，接通所有扫描系统的电源，启动专用计算机和扫描系统，使扫描系统预热5~10 min，以保证标定状态与扫描状态尽可能相近。点击桌面快捷图标启动软件系统，点击"扫描标定切换"按钮，进入软件扫描界面。将被扫描工件放置在视场中央，点击图中"投射十字"按钮，通过云台调整硬件系统的高度及俯仰角，使此十字与相机实时显示区的十字尽量重合，并使十字尽量在被扫描工件上，点击"测量"操作按钮，系统将进行扫描。扫描完成后会在"点云显示区"显示三维点云数据测量结果。

数据采集分为6个步骤：

第一步：调试设备，标定摄像机。

第二步：观察被测量物体的特点、表面材质。如果表面较亮有反光现象或是过暗有吸光现象，就要在被测量物体表面喷涂白色的显影剂，使得表面具有均匀的漫反射，这样更有利于模型测量，获取的点云数据精度更高。如材质具有均匀的漫反射，则不用在其表面喷涂显影剂，可直接进行测量。

第三步：为了能够测量完整的模型点云数据，向被测量模型粘贴标识点。

第四步：打开测量软件，新建工程，按照自己的要求、习惯命名。

第五步：调整摄像机的光圈等参数，设定拼接方式，这里我们设定为自动拼合。

第六步：开始测量。投射光栅到被测物体上。

具体扫描测量流程如图1-31所示。

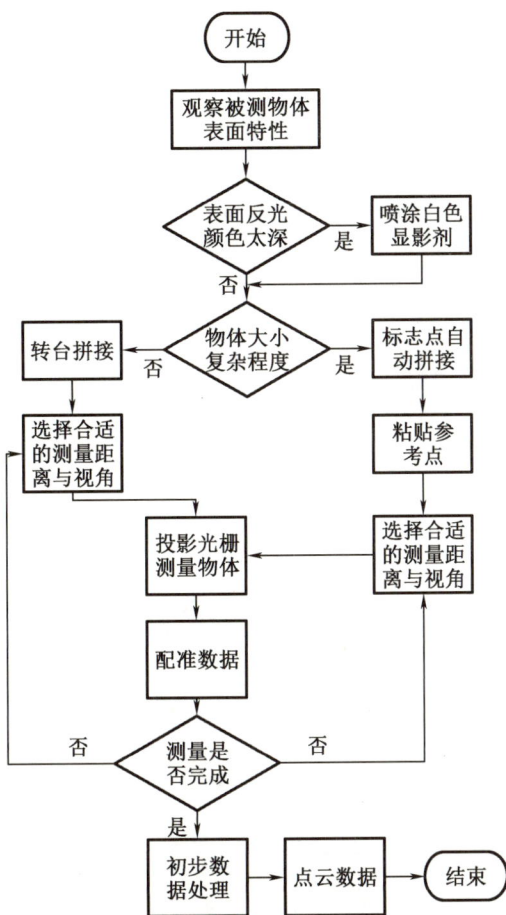

图1-31　数据采集(扫描测量)流程图

2. 标定操作流程

该扫描系统标定分为六个步骤,在三个不同的高度(一般为560 mm、600 mm、640 mm)上分别拍摄图像,具体如下:

(1)标定板水平放置正对投影仪 P,要求标定板四个大点要与光栅投射黑色十字重合。

(2)标定板放置方向:距离最近的两个相邻大点一侧向上放置。

(3)调整标定距离,将标定板距设备600 mm,即调整三脚架的高度及俯仰角,使相机实时显示区白色十字与光栅投射黑色十字尽可能重合,点击"标定"按钮完成第一步。

(4)标定板距设备560 mm和640 mm两位置各拍摄一次,完成第二步。

(5)将高度降低回600 mm。标定板旋转90°,垫起与相机同侧下方一角,依次顺时针旋转,拍摄四次,完成第三步。

(6)垫起另一侧下方一角,同上述方法,依次顺时针旋转90°,拍摄四次,完成第四步。

此时,标定完成。

3. 粘贴标志点

对测量物体进行自动拼接,需要将被扫描物体表面贴上标志点,要求标志点粘贴牢固、平整。不同模型块之间进行自动拼接是通过对标志点的识别和匹配进行的,每次扫描中物体上的一部分标志点会被软件识别,并进行编号记录。如果在新一次扫描中这些点又被识别出来,并且记录编号相同,那么这些标志点就是公共标志点。

标志点匹配成功的原则是:新扫描的模型与已有模型之间的公共标志点至少为四个。由于图像质量、拍摄角度等多方面原因,有些标志点不能正确识别,因而可以适量的多使用一些标志点,因此粘贴标志点时应注意:

(1)标志点尽量要随机贴在物体表面上的平坦区域,与曲面每边边缘的距离保持在12 mm。

(2)两两相邻标志点的最小距离应保持在20~100 mm。图1-32为正确粘贴标志点示例图。

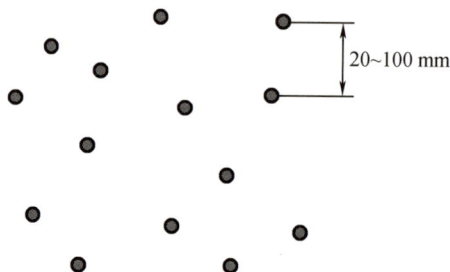

图1-32　正确粘贴标志点示例图

(3)不要人为地将标志点分组排列或贴在一条直线上,如图1-33所示。

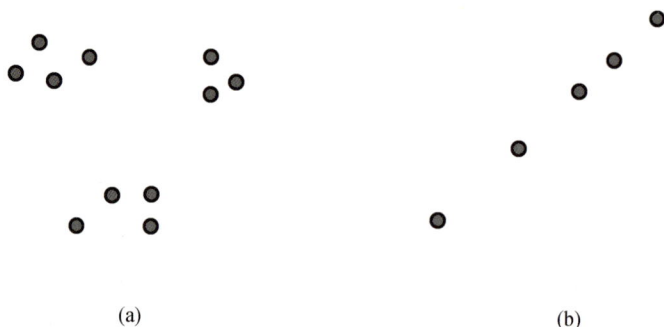

(a)　　　　　　　　　　　　　　　(b)

图1-33　错误粘贴标志点示例图

学习小结

〜〜〜〜〜〜〜〜〜〜〜〜〜〜〜〜〜〜〜〜〜〜〜〜〜〜〜〜〜〜
〜〜〜〜〜〜〜〜〜〜〜〜〜〜〜〜〜〜〜〜〜〜〜〜〜〜〜〜〜〜
〜〜〜〜〜〜〜〜〜〜〜〜〜〜〜〜〜〜〜〜〜〜〜〜〜〜〜〜〜〜
〜〜〜〜〜〜〜〜〜〜〜〜〜〜〜〜〜〜〜〜〜〜〜〜〜〜〜〜〜〜
〜〜〜〜〜〜〜〜〜〜〜〜〜〜〜〜〜〜〜〜〜〜〜〜〜〜〜〜〜〜
〜〜〜〜〜〜〜〜〜〜〜〜〜〜〜〜〜〜〜〜〜〜〜〜〜〜〜〜〜〜

【自学自测】

学习领域	逆向建模技术		
学习情境1	液压泵油口法兰逆向设计	任务1	液压泵油口法兰数据采集
作业方式	小组分析,个人解答,现场批阅,集体评判		
1	逆向工程对产品创新有哪些作用?		

作业解答:

2	简述逆向工程的主要工作流程和应用意义。

作业解答:

3	对物体进行表面数据采集之前,需要做哪些前处理?

作业解答:

表（续）

4	简述扫描仪实现标定的过程步骤。

作业解答：

5	待测模型喷粉和贴点时，需要注意哪些方面？

作业解答：

6	简述数据测量的方法及分类。

作业解答：

作业评价：

班级		组别		组长签字	
学号		姓名		教师签字	
教师评分		日期			

【任务实施】

本任务模型如图1-1所示,按要求完成法兰实物扫描任务,并填写任务评价单。

1.扫描前准备

(1)系统标定

注:标定不是每一次都需要,只有在设备重新安装、调试、移动搬运或想提升更高精度校准时,才重新标定。

①启动系统。

②标定板水平放置正对投影仪 P,调整三脚架的高度及俯仰角,调整标定距离,将标定板距设备600 mm,使相机实时显示区白色十字与光栅投射黑色十字尽可能重合。点击"标定"按钮完成第一步,如图1-34所示。

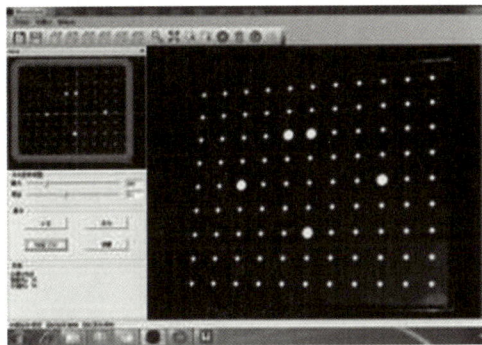

图1-34 标定十字重合示意图

③标定板正对投影仪 P,标定板两个相邻大点在上方,标定板距设备640 mm,如图1-35所示。

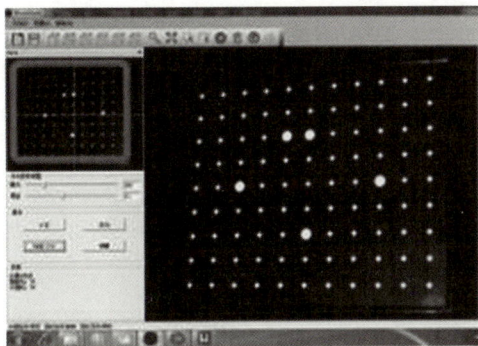

(a)   (b)

图1-35 标定位置示意图(640 mm)

④标定板正对投影仪 P,标定板两个相邻大点在上方,标定板距设备 560 mm,如图 1-36 所示。

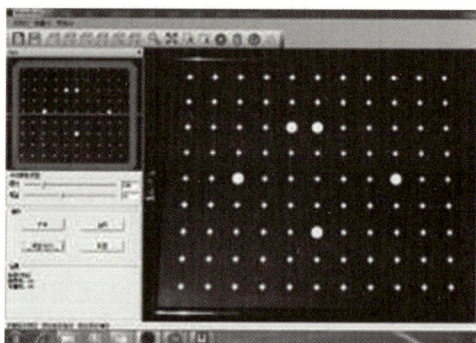

图 1-36　标定位置示意图(560 mm)

⑤摇动手柄,将高度降低回 600 mm。标定板旋转 90°,垫起与相机同侧下方一角,角度约 20°,两个相邻大点在左方,如图 1-37 所示。

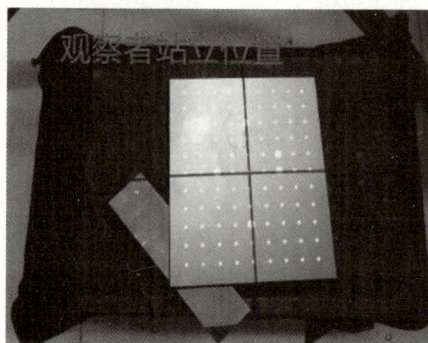

图 1-37　垫块摆放示意图

⑥其他条件不变,继续旋转 90°,如图 1-38 所示。

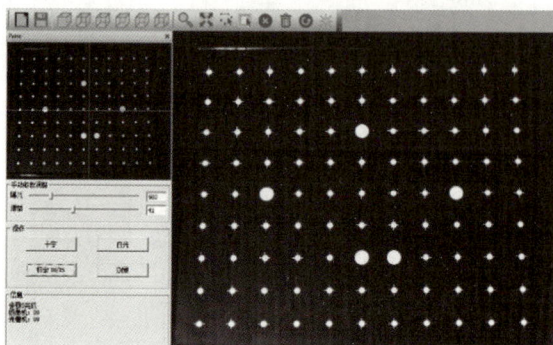

图 1-38　旋转标定取点示意图

⑦其他条件不变,再次旋转 90°,如图 1-39 所示。

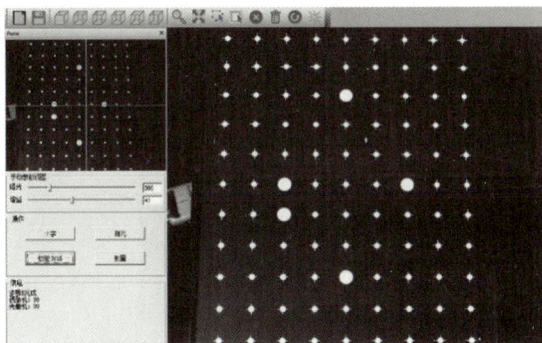

图 1-39　再次旋转标定取点示意图

⑧硬件系统高度不变,标定板沿同一方向旋转 90°,垫起与相机异侧一边,角度约 30°,标定正对相机,如图 1-40 所示。

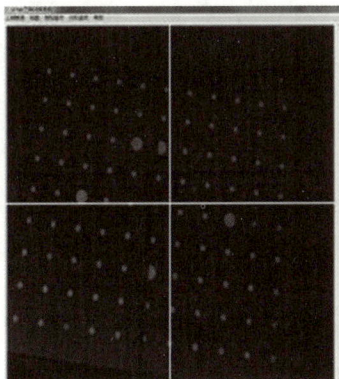

图 1-40　异侧一边垫块示意图

⑨高度和角度都保持不变,将标定板沿同一方向旋转 90°,如图 1-41 所示。

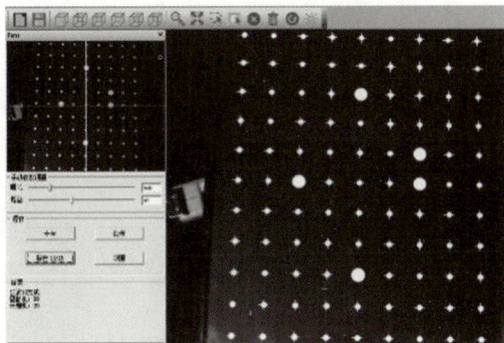

图 1-41　旋转 90°示意图

⑩高度和角度都保持不变,再次将标定板沿同一方向旋转90°,如图1-42所示。

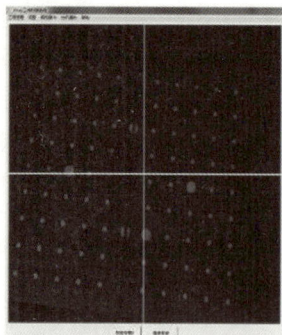

图1-42 再次旋转90°示意图

⑪高度和角度都保持不变,将标定板继续沿同一方向旋转90°,如图1-43所示。

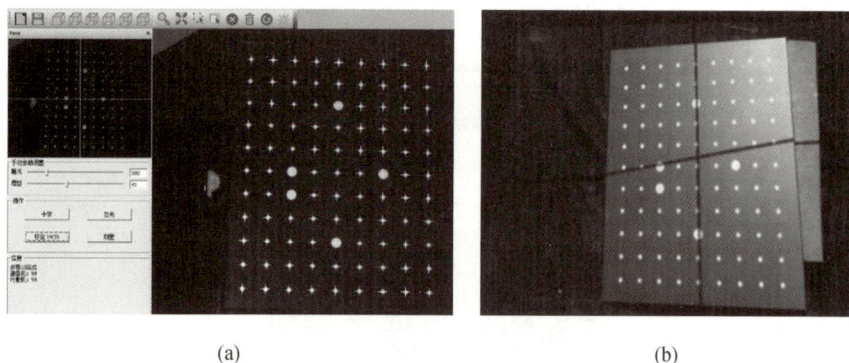

(a)   (b)

图1-43 标定板旋转后示意图

⑫标定完成。

标定要点:标定的每一步都要将标定板上至少88个标志点提取出来,才能进行下一步。

2. 表面处理

喷粉距离为20~30 cm,尽可能薄且均匀,图1-44所示为喷粉操作演示,图1-45所示为喷粉后零件。

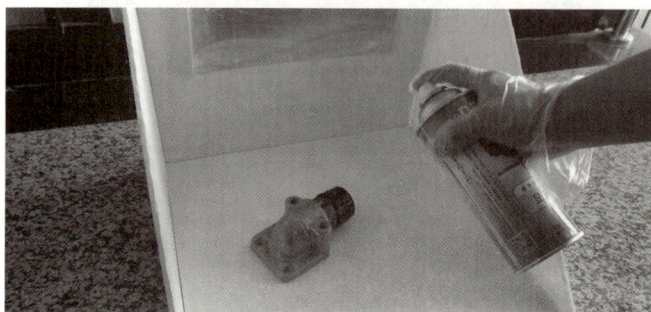

图1-44 喷粉操作演示

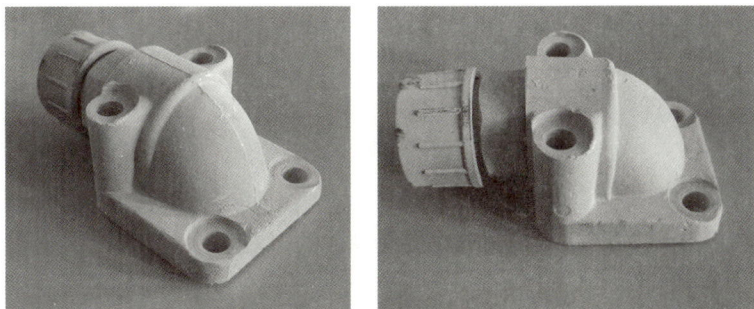

(a)　　　　　　　　　　　(b)

图 1-45　喷粉后零件

（3）粘贴标志点

给被测量模型粘贴标志点，图 1-46 所示为粘贴标志点后的零件。

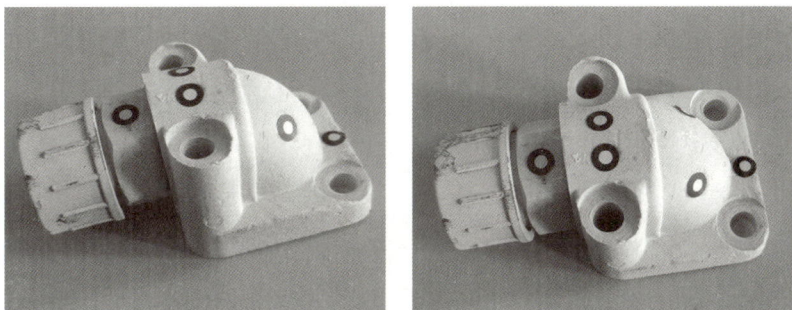

(a)　　　　　　　　　　　(b)

图 1-46　粘贴标志点后的零件

（4）制定扫描策略

观察模型整体结构，如图 1-47 所示，由于模型尺寸较小，不适合粘贴过多的标志点，可以选用辅助工具（转盘）来对其进行拼接扫描（辅助扫描能够节省扫描的时间，同时也可以减少贴在物体表面标志点的数量）。

图 1-47　零件

3. 扫描过程

开始测量,投射光栅到被测物体上,由于零件的尺寸比较小,曲面复杂,在表面粘贴过多标志点会影响测量的精度,而且会在模型的表面留下一些标志点形成的空洞,曲面曲率比较大的时候,修补空洞会带来较大的误差,所以可采用转台与标志点结合的测量方式来完成模型的测量,如图1-48所示。通过转台旋转10次,每次旋转36°,测量模型的主体数据,测量过程如图1-49所示。再结合标志点拼接,测得在转台旋转时无法测量到的部位的数据,最终获得完整点云数据模型,测量结果如图1-50所示。

图1-48 开始测量

(a)

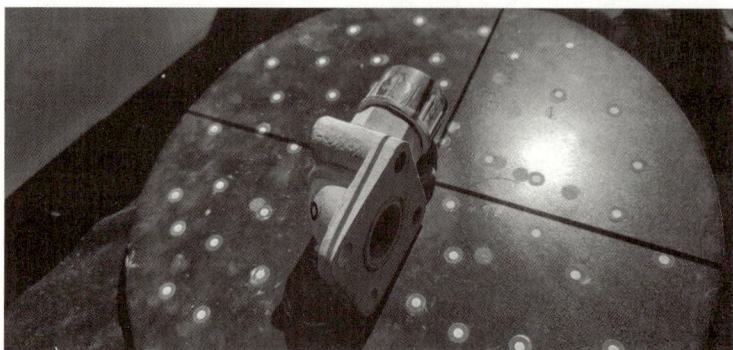

(b)

图1-49 测量过程近景展示图

图1-50　扫描测量时系统显示点云图

【常见故障与维护】

使用扫描仪完成数据采集时,可能会出现设备故障或是测量点云质量不高的问题,下面列举常见故障和问题,用于提升数据采集获得的点云质量。

故障1:相机预览不能正常显示

解决措施:

(1)首次使用需要确认相机已正确安装驱动。

(2)检查相机USB线是否正确连接或是否有松动,确认已连接牢固且接触良好。

(3)如上述措施仍不能解决问题,可能是相机或控制线损坏,须更换。

故障2:光栅投射器不亮或不能正确显示

故障原因:

(1)光栅投射器VGA线连接不正确或接触不良。

(2)光栅投射器与VGA线传输有问题。

(3)光栅投射器或线缆损坏。

解决措施:

(1)检查光栅投射器电源是否连接牢固且接触良好。

(2)检查扫描系统启动前是否已经扩展了双显示器设置。

(3)检查光栅投射器HDMI线连接是否牢固且接触良好。

常见扫描问题与解决措施见表1-2。

表1-2　常见扫描问题与解决措施表

序号	常见问题	原因	解决措施
1	打开软件,还未开始扫描,实时显示区无显示,镜头停滞	①相机控制线连接不正确 ②相机控制线未插实 ③相机或控制线损坏	①重新插拔相机控制线 ②重新启动扫描系统 ③更换相机或控制线

表 1-2（续）

序号	常见问题	原因	解决措施
2	扫描工件时,不能正常投射光栅或不受控制	①光栅投射器控制线连接松动 ②双显示器设置不正确 ③光栅投射器与控制线传输问题 ④光栅投射器或线缆损坏	①重新拔插光栅投射器控制线 ②检查双显示器设置 ③重新启动计算机 ④更换光栅投射器或线缆
3	扫描工件时,点云数据偏少或质量较差	①曝光参数过高或过低 ②被扫描工件反光严重 ③扫描距离过远或过近 ④标定参数不正确	①调整相机曝光参数 ②对工件表面进行漫反射处理 ③调整扫描距离 ④重新进行标定
4	点云会出现周期性条纹	①周围环境光场不稳定 ②扫描系统发生震动	①在暗室中扫描或遮挡环境光 ②重新标定
5	扫描工件时,点云数据分层	①标定参数不正确 ②标志点粘贴位置不适合 ③扫描过程中工件发生晃动	①重新标定 ②重新粘贴标志点 ③重新固定工件
6	提取不到标志点、不能正确拼合或出现错误拼接	①扫描系统发生震动或调整了镜头 ②扫描头与工件被测表面角度过大 ③相机曝光参数过高或过低 ④扫描距离过远或过近 ⑤未进行过标定操作 ⑥标志点粘贴位置不对	①重新标定 ②调整扫描头与工件间角度 ③调整相机曝光参数 ④调整扫描距离 ⑤重新粘贴标志点
7	标定时标定板上的标定点提取不全或扫描过程中,提示公共标志点过少	①相机软曝光参数过高或过低 ②扫描头与被测物间角度不对 ③标定时的距离过远或过近 ④扫描系统发生震动 ⑤公共标志点少于 4 个	①调整相机曝光参数 ②调整扫描头与标定板间的角度 ③调整标定距离 ④重新标定 ⑤确保公共标志点为 4 个或以上
8	软件三维点云显示区,响应缓慢	点云数量过多,接近内存极限	删除工件点云以外的噪音点
9	拍摄的精度突然降低	使用过程中不小心发生了较大的碰撞	将系统做一次标定

【液压泵油口法兰逆向设计工作单】

计划单

学习情境1	液压泵油口法兰逆向设计		任务1	液压泵油口法兰数据采集
工作方式	组内讨论、团结协作共同制定计划,小组成员进行工作讨论,确定工作步骤		计划学时	0.5学时
完成人	1. 2. 3. 4. 5. 6.			

计划依据:1.   ;2.

序号	计划步骤	具体工作内容描述
1	准备工作(准备待测零件、采集机器、工具,谁去做?)	
2	组织分工(成立组织,人员具体都完成什么工作?)	
3	制定方案(喷粉贴点→采集数据→数据处理,各阶段重点是什么?)	
4	制作过程(测量前准备,测量过程注意要点,测量后数据保存、导出、处理。)	
5	整理资料(谁负责? 整理什么内容?)	
制定计划说明	(对各人员完成任务提出可借鉴的建议或对计划中的某一方面做出解释)	

决策单

学习情境1	液压泵油口法兰逆向设计	任务1	液压泵油口法兰数据采集
决策学时			0.5学时

决策目的:液压泵油口法兰数据采集各环节流程方案对比分析,比较数据质量、采集时间、测量成本等

	成员	方案的可行性 (数据质量)	参数的合理性 (采集时间)	加工的经济性 (测量成本)	综合评价
工艺方案 对比	1				
	2				
	3				
	4				
	5				
	6				
决策评价	结果:(将自己的加工方案与组内成员的加工方案进行对比分析,对自己的工艺方案进行修改并说明修改原因,最后确定一个最佳方案)				

检查单

学习情境1	液压泵油口法兰逆向设计	任务1	液压泵油口法兰数据采集
评价学时		课内0.5学时	第　　组

检查目的及方式	在加工过程中,教师对小组的工作情况进行监督、检查,如检查等级为不合格,则小组需要整改,并拿出整改说明

序号	检查项目	检查标准	检查结果分级 (在检查相应的分级框内划"√")				
			优秀	良好	中等	合格	不合格
1	准备工作	资源是否已查到,材料是否准备完整					
2	分工情况	安排是否合理、全面,分工是否明确					
3	工作态度	小组工作是否积极主动,是否为全员参与					
4	纪律出勤	是否按时完成负责的工作内容、遵守工作纪律					
5	团队合作	是否相互协作、互相帮助,成员是否听从指挥					
6	创新意识	任务完成是否不照搬照抄,看问题是否具有独到见解与创新思维					
7	完成效率	工作单是否记录完整,是否按照计划完成任务					
8	完成质量	工作单填写是否准确,流程环节、参数设置、成型件质量是否达标					

检查评语		教师签字:

【任务评价】

小组工作评价单

学习情境1	液压泵油口法兰逆向设计		任务1		液压泵油口法兰数据采集	
评价学时			课内0.5学时			
班级			第　　组			
考核情境	考核内容及要求	分值（100）	小组自评（10%）	小组互评（20%）	教师评价（70%）	实际得分
汇报展示（20分）	演讲资源利用	5				
	演讲表达和非语言技巧应用	5				
	团队成员补充配合程度	5				
	时间与完整性	5				
质量评价（40分）	工作完整性	10				
	工作质量	5				
	报告完整性	25				
团队意识（25分）	核心价值观	5				
	创新性	5				
	参与率	5				
	合作性	5				
	劳动态度	5				
安全文明生产（10分）	工作过程中的安全保障情况	5				
	工具正确使用和保养、放置规范	5				
工作效率（5分）	能够在要求的时间内完成，每超时5分钟扣1分	5				

小组成员素质评价单

学习情境1	液压泵油口法兰逆向设计		任务1		液压泵油口法兰数据采集			
班级		第　组		成员姓名				
评分说明	每个小组成员评价分为自评分和小组其他成员评分两部分,取平均值,作为该小组成员的任务评价个人分数。评分项目共计5个,依据评分标准给予合理量化打分。小组成员自评分后,要找小组其他成员以不记名方式评分							
评分项目	评分标准	自评分	成员1评分	成员2评分	成员3评分	成员4评分	成员5评分	
核心价值观(20分)	有无违背社会主义核心价值观的思想及行动							
工作态度(20分)	是否按时完成负责的工作内容、遵守纪律,是否积极主动参与小组工作,是否全过程参与,是否吃苦耐劳,是否具有工匠精神							
交流沟通(20分)	能否良好地表达自己的观点,能否倾听他人的观点							
团队合作(20分)	是否与小组成员合作完成任务,做到相互协作、互相帮助、听从指挥							
创新意识(20分)	看问题能否独立思考、提出独到见解,能否利用创新思维解决遇到的问题							
小组成员最终得分								

【课后反思】

学习情境1	液压泵油口法兰逆向设计	任务1	液压泵油口法兰数据采集
班级	第　组	成员姓名	

情感反思	通过对本次任务的学习和实训,你认为自己在社会主义核心价值观、职业素养、学习和工作态度等方面有哪些需要提高的部分?
知识反思	通过对本次任务的学习,你掌握了哪些知识点?请画出思维导图。
技能反思	在完成本次任务的学习和实训过程中,你主要掌握了哪些技能?
方法反思	在完成本次任务的学习和实训过程中,你主要掌握了哪些分析和解决问题的方法?

【课后作业】

一、填空题

1. _____是指通过特定的测量方法和设备,将物体表面形状转换成几何空间点,从而得到逆向建模以及尺寸评价所需数据的过程。

2. 适合扫描大型物体的是_____式扫描仪,适合扫描精细度更高的零件的是_____式扫描仪。

3. 扫描数据的拼接有_____和_____两种方式。

4. Geomagic Wrap 是_____公司的软件。

二、选择题

1. 下列哪种可以直接三维扫描?　　　　　　　　　　　　　　　　　（　　）

A. 玻璃杯　　　　　　　　　　　　　B. 灰色且表面粗糙的饮料瓶

C. 光滑的瓷娃娃　　　　　　　　　　D. 黑色的茶壶

2. 对于一些反光或透明材质的模型,可以采取什么措施后再进行扫描?（　　）

A. 喷涂显影剂　　　　　　　　　　　B. 到光线明亮的地方拍摄

C. 增加照片拍摄数量　　　　　　　　D. 多贴标志点

三、简述题

1. 简述逆向工程中数据测量的方法及分类。

2. 在物体扫描前需要做哪些前处理?

3. 简述非接触式测量的特点。

4. 简述逆向工程的完整工作流程。

四、操作题

使用测量设备完成车灯罩实物的扫描(或选取合适的零件实物完成测量)。要求扫描数据完整,能够反映实物特征,完成总结报告。

任务 2　液压泵油口法兰数据处理

【任务工单】

学习情境 1	液压泵油口法兰逆向设计	任务 2	液压泵油口法兰数据处理
任务学时		4 学时（课外 8 学时）	
布置任务			
任务目标	1. 能准确陈述 Geomagic Wrap 软件在点阶段、多边形阶段、精确曲面阶段的常用命令； 2. 根据点云特征，选择适合的点云数据处理方法； 3. 能够优化点云处理路径，并完整导出指定格式数据； 4. 牢固树立产品制造的质量意识，养成注重细节、精益求精的工作习惯		
任务描述	液压泵油口法兰表面数据采集完成后，得到 asc 格式的点云数据，如图 1-51 所示，在扫描过程中，受环境因素影响，可能会出现点云离散、重复、杂点、孔洞或是不完整等现象，所以需要根据点云模型特征和要求对扫描后的点云进行处理。 **图 1-51　液压泵油口法兰点云数据** 请根据模型特征完成以下任务： 1. 减少噪音点； 2. 多边形阶段表面光顺； 3. 边缘优化； 4. 补齐模型 **法兰点云文件**		
学时安排	资讯 1 学时	计划 0.5 学时	决策 0.5 学时	实施 1 学时	检查 0.5 学时	评价 0.5 学时
提供资源	1. 点云文件； 2. 计算机、软件； 3. 课程标准、多媒体课件、教学演示视频及其他共享数字资源					

表（续）

对学生学习及成果的要求	1. 正确使用 Geomagic Wrap 软件完成点云数据处理； 2. 能够根据点云模型特征合理规划优化方法； 3. 能够合理陈述 Geomagic Wrap 软件在点阶段、多边形阶段、精确曲面阶段的常用命令； 4. 能按照学习导图自主学习，并完成课前自学的问题训练和作业单； 5. 严格遵守课堂纪律，学习态度认真、端正，能够正确评价自己和同学在本任务中的素质表现； 6. 积极参与小组工作，承担模型设计、参数设置、设备调试、加工打印等工作，做到积极主动不推诿，能够与小组成员合作完成工作任务； 7. 需独立或在小组同学的帮助下完成任务工作单并提请检查、确认，对提出的建议或错误务必及时修改； 8. 每组必须完成任务工作单，并提请教师进行小组评价，小组成员分享小组评价分数或等级； 9. 完成任务反思，以小组为单位提交

【课前自学】

知识点 1　Geomagic Wrap 软件认知

Geomagic Wrap 是一款三维数字化软件，它可以将物理对象转换为数字化的三维模型。该软件使用先进的算法和工具，实现了高精度和高效率的数据捕获和处理。

Geomagic Wrap 可以使用扫描仪、摄像机或其他三维扫描技术来获取物理对象的几何形状和外观信息。然后，使用 Geomagic Wrap 软件将这些获取到的数据进行处理，生成准确的三维模型。

该软件具有强大的数据处理和编辑功能，可以修复扫描数据中的缺陷或噪音，并将其转换为高质量的几何模型。它还可以进行网格编辑、曲面修复、拓扑优化等操作。

Geomagic Wrap 支持导出多种文件格式，如 STL、OBJ、IGES、STEP 等，方便与其他 CAD 软件进行集成和使用。它还可以进行模型比对、分析和测量，以便检查和验证。Geomagic Wrap 广泛应用于诸如工业设计、数字化雕刻、建筑重建、医疗仿真等领域，为用户提供了强大的三维数字化工具。

知识点 2　Geomagic Wrap 基本操作

1. Geomagic Wrap 工作界面

Geomagic Wrap 工作界面如图 1-52 所示，分为标题栏、工具栏、命令组、视图区、管理器、状态栏、信息区几部分，其功能见表 1-3。

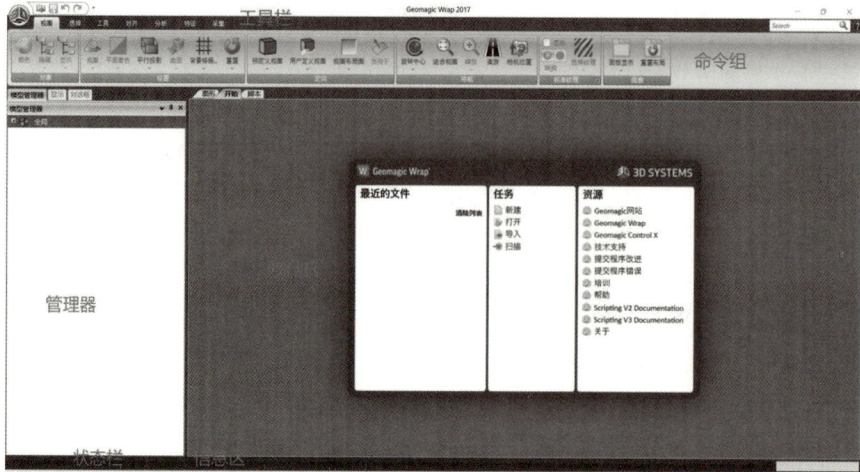

图 1-52　Geomagic Wrap 工作界面

表 1-3　Geomagic Wrap 功能表

序号	名称	作用
1	工具栏	将软件功能分类排列,操作时,从工具栏上单击相应功能类型
2	命令组	工具栏下面是命令组,提供工具栏模块中功能的具体操作快捷按钮
3	视图区	导入模型后,显示当前工作对象,在视窗里可做选取工作
4	管理器	包含模型管理器、显示和对话框,可以显示导入软件的各种类型的数据,允许用户控制选定不同项目进行操作
5	状态栏	系统操作执行完后,显示鼠标键盘操作提示
6	信息区	此处显示当前点云的点数目和所选择的点数目

2. Geomagic Wrap 操作命令与快捷键

Geomagic Wrap 操作时需要鼠标、键盘配合使用,下面介绍一些常用的操作命令和快捷方式,如表 1-4 和表 1-5 所示,可以帮助设计人员在点云模型处理时快速完成功能选择,提高操作效率。

表 1-4　Geomagic Wrap 鼠标操作

序号	鼠标操作	作用
1	单击左键	选择工作界面的功能键;或在一个数值栏里单击上、下箭头来增大或减小该数值
2	按住左键并拖动	按照形状选择对象中的部分区域
3	Ctrl+左键并拖动	取消选择的对象和区域
4	Alt+左键	调整光源的入射角度和亮度
5	滚动中键	可对模型进行缩放,也可在数值操作时增大或缩小数值

表1-4(续)

序号	鼠标操作	作用
6	按住中键并拖动	调整操作对象角度,多角度观察模型
7	Alt+中键并拖动	对模型平移操作
8	单击右键	弹出快捷菜单,包含一些使用频繁的命令

表1-5　Geomagic Wrap 快捷键操作

序号	快捷命令	实现功能
1	Ctrl+A	全选
2	Ctrl+C	取消全选
3	Ctrl+Z	撤销上一步操作
4	Ctrl+S	保存模型
5	Ctrl+Y	重复上一步操作
6	Ctrl+P	选择画笔工具
7	Ctrl+T	选择矩形工具
8	Ctrl+L	选择套索工具
9	Ctrl+F	设置旋转中心
10	Ctrl+D	合适视窗显示模型
11	Ctrl+G	选择贯穿
12	Del	删除选择
13	Esc	取消选择

3. 数据导入

打开 Geomagic Wrap 软件,界面顶层弹出"任务"对话框,如图1-53所示,可以新建、打开、导入和扫描,单击"打开"或者"导入",从弹出的对话框中选择数据文件,单击文件后打开。

弹出"文件选项"对话框,如图1-54所示。"文件选项"中的"比率"表示打开后点的数量与总点数的占比,默认值一般为100%,如果需要全部的点,则直接点"确定"即可,如果点数量过多,为了减少电脑运算负担,可单击"比率"右侧的下拉小三角,选择一个合适的比率打开文件。选定文件后,软件提示设置"单位",如图1-55所示。通常选择毫米,单击"确定",导入文件。

4. 数据导出

模型数据优化完成后,文件通常保存为 STL 格式。在模型管理器中的模型文件名上单击右键,弹出菜单,如图1-56所示,点击"保存"按钮,弹出"另存为"对话框,如图1-57所示。选择位置存储,"保存类型"命令栏下拉菜单,选择"STL(binary)文件"类型完成保存。

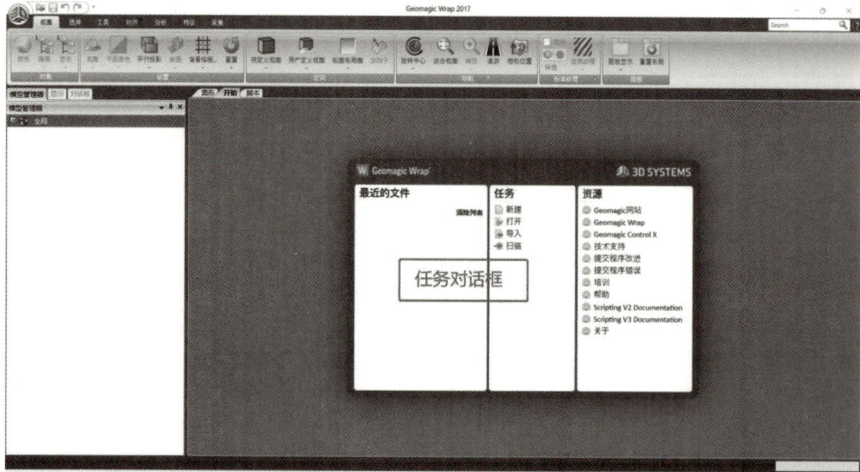

图1-53 "任务"对话框

图1-54 "文件选项"选择比率

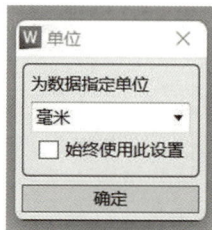

图1-55 "单位"选项选择单位

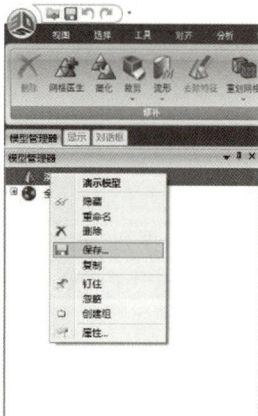

图1-56 点击右键"保存"

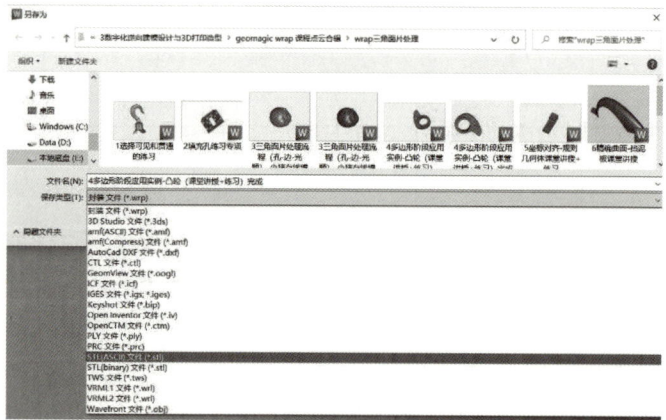

图1-57 STL文件保存

学习小结

知识点 3　Geomagic Wrap 命令模块介绍

Geomagic Wrap 的命令中一部分是基础模块,比如对齐命令模块、分析命令模块、特征命令模块和采集命令模块,还有一部分是根据所处理模型阶段的不同而变化的模块,如点处理命令模块(图 1-58)、多边形处理命令模块(图 1-59)、精确曲面命令模块(图 1-60)。

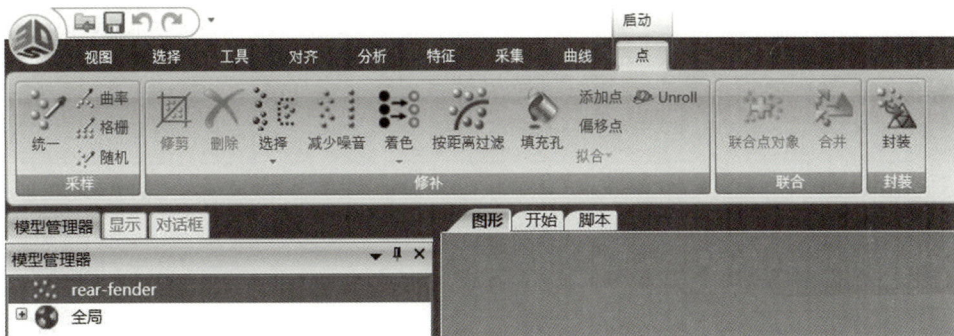

图 1-58　点处理命令模块界面

图 1-59　多边形处理命令模块界面

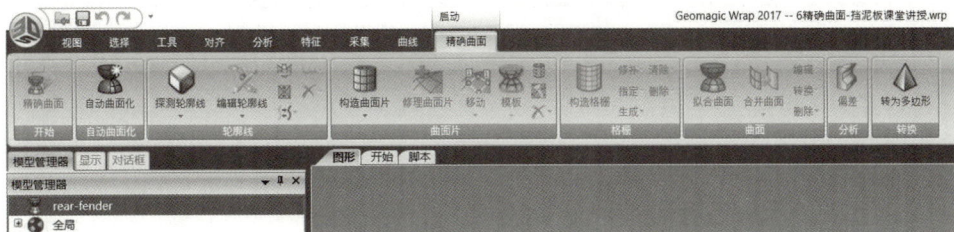

图 1-60　精确曲面命令模块界面

1. 基础模块

(1)对齐命令模块

在选定区域内,对扫描数据进行原始拼接,完成手动注册和全球注册,基于多种对齐方式,使模型坐标一致,特征重合。具体界面功能如图 1-61 所示,主要功能有:

①扫描拼接。

②对象对齐。

图 1-61　对齐命令功能界面

（2）分析命令模块

分析命令模块以点云数据或多边形数据模型为参考,对曲面模型进行误差分析,获取偏差分析图, 并对所建曲面模型进行修改,提高精度。具体界面功能如图 1-62 所示,包含的主要功能有:

①偏差分析比对。

②计算对象上两点间最短距离。

③计算体积、重心、面积。

④生成手动选择点的 X、Y、Z 坐标值。

图 1-62　分析命令功能界面

（3）特征命令模块

特征命令模块的主要作用是在活动的对象上定义一个特征结构体,以作为分析、对齐、修建工具的参考。特征命令模块的命令组如图 1-63 所示,包含的主要功能有:

①探测特征、创建不同类型的特征。

②编辑、复制、转化特征。

③在图形区域内切换所有特征的显示方式。

④参数转换、输出到正向建模软件。

图 1-63　特征命令模块的命令组

（4）采集命令模块

采集命令模块如图1-64所示，是通过特定的测量方法和设备，将被测物体表面形状转化为几何空间坐标点，得到逆向建模以及尺寸评价所需的数据的，主要包含两部分功能：

①移动硬件设备、快速对齐、坐标转换和温度补偿。

②测头采集，快速实现特征测量转换。

图1-64　采集命令模块

2. 点处理命令模块

点处理命令模块如图1-65所示，主要对导入的点云数据进行处理，获取一组整齐精简的点云数据，并封装成多边形数据模型。点处理命令模块的命令组包含了数据处理常用的命令，主要功能有：

（1）对点云数据进行曲率、等距、统一或随机采样。

（2）选择非连接项、体外孤点、减少噪音、删除点云。

（3）导入点云数据、合并点云对象。

（4）点云着色。

（5）填充点云孔洞。

（6）添加点、偏移点。

（7）将点云数据三角网格化封装。

图1-65　点处理命令模块

3. 多边形处理命令模块

多边形处理命令模块主要对多边形数据模型表面做优化处理，提高后续拟合曲面的质量。多边形处理命令模块如图1-66所示，包含的主要功能有：

（1）网格医生自动修复相交区域、非流形边、高度折射边，消除重叠三角形。

（2）删除封闭或非封闭多边形模型多余三角面片。

（3）选择平面、曲线、薄片对模型进行裁剪。

（4）细化或者简化三角面片数量。

（5）清除、删除钉状物，砂纸打磨，减少噪音以光顺三角网格。

（6）填充内、外孔或者拟合孔并清除不需要的特征。

（7）合并多边形对象并进行布尔运算。

（8）加厚、抽壳、偏移三角网格。

（9）手动雕刻曲面或者加载图片在模型表面形成浮雕。

（10）修改边界，并可对边界进行编辑、松弛、直线化、细分、延伸、投影等。

（11）锐化特征之间的连接部分，通过平面拟合形成角度。

（12）转换成点云数据或者输出到其他应用程序。

图1-66　多边形处理命令模块

4. 精确曲面命令模块

精确曲面模块如图1-67所示，主要作用是通过探测轮廓线、曲率来构造规则的网格划分，准确地提取模型特征，从而拟合出光顺、精确的NURBS曲面，包含的主要功能有：

（1）自动曲面化。

（2）探测轮廓线并对轮廓线进行绘制、松弛、收缩、合并、细分、延伸等处理。

（3）探测曲率线并对曲率线进行手动移动、升级、约束等处理。

（4）构造曲面片并对曲面片进行移动、松弛、修理等处理。

（5）移动曲面片，均匀化铺设曲面片。

（6）构造格栅并对格栅进行松弛、编辑、简化等处理。

（7）拟合NURBS曲面并可修改NURBS曲面片层，修改表面张力。

（8）对曲面进行松弛、合并、删除、偏差分析等处理。

（9）转化为多边形或者输出到其他应用程序。

图1-67　精确曲面模块

学习小结

知识点 4　数据处理流程

1. 点云阶段

导入点云文件,对文件执行着色操作,以便清晰地观察模型特征;若点云的数据过大,可能造成电脑卡顿,则可通过采样将数据整体减少到合适值;为减少不易发现的重复位置杂点,选用去除体外孤点和非连接项;如模型数据采集过程中设备震动或其他原因形成的表面粗糙点,可以选用减少噪音点命令,调整偏差;对于多视角数据,需通过点云注册进行手动拼接,然后通过联合点对象变成复合点云,再封装导出,对于完全自动拼接的整体数据,可直接封装并导出三角面片模型备用。具体流程如图 1-68 所示。

图 1-68　点云处理流程图

（1）着色点

导入点云后,如果是黑色的点,不易观察,如图 1-69(a)所示,可使用修补→着色→着色点命令,为点云着色,清晰观察视图,着色后效果如图 1-69(c)所示。

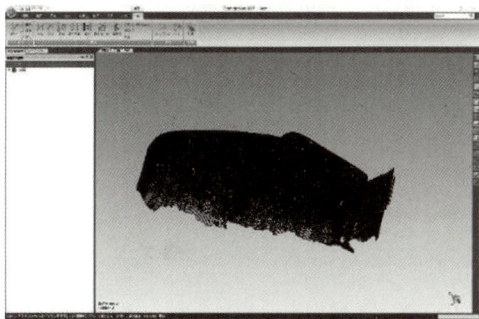

(a)点云着色前

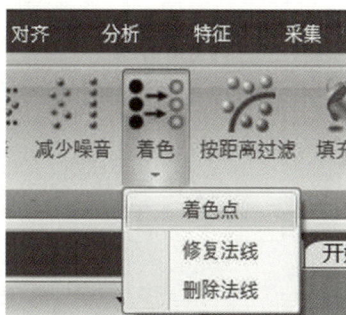

(b)着色命令

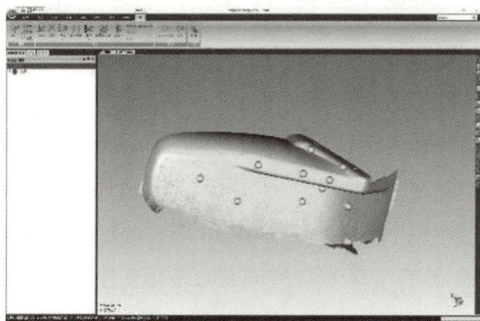

(c)点云着色后

图 1-69　点云着色前后对比

（2）采样精简

如果点云数量过多会加重计算机运算负担，可以选择采样→统一/曲率/格栅/随机命令，在不改变模型特征的情况下，减少点云。如图1-70所示，采样前点云数量为440 824个，通过统一、曲率、格栅等采样后，数量精简为308 577个。

注：不是每一步点云优化都必须采样，采样步骤是否操作，需要根据模型要求、点云数量和特征决定。

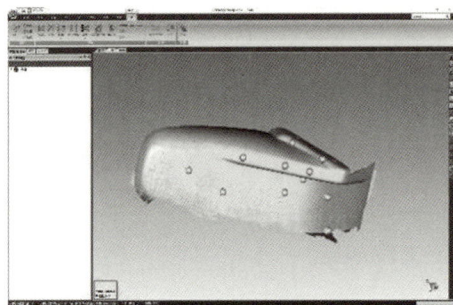 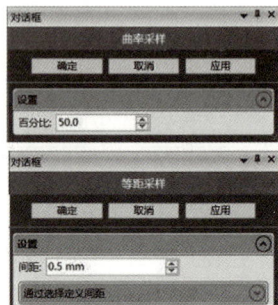

(a)点云精简前　　　　　　　　　　　　(b)采样命令

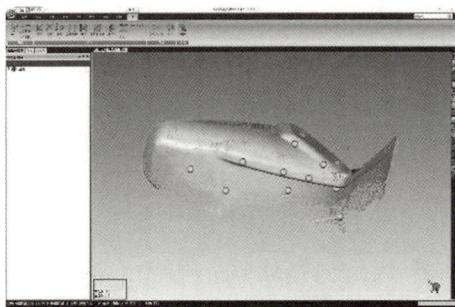

(c)点云精简后

图1-70　点云精简前后对比

（3）减少噪音

应用修补→减少噪音→应用（观察效果）→确定命令，减少数据采集时产生的表面粗糙点，如图1-71所示。

（4）手动拼接

如果点云为多视角数据，通过对齐→手动注册→n点注册→选择固定和浮动的点云→选择3个以上的共同点→确定→完成手动拼接，如图1-72所示。拼接完整后会出现一些误差，如图1-73（a）所示，可选用全局注册校准精度，点击全局注册→应用→确定，如图1-73（b）所示。图1-73（c）所示为全局注册后的模型展示。对于自动拼接的整体数据，不需要此步骤。

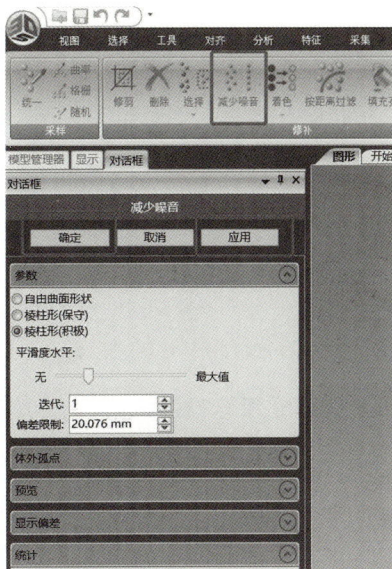

图 1-71　减少噪音命令

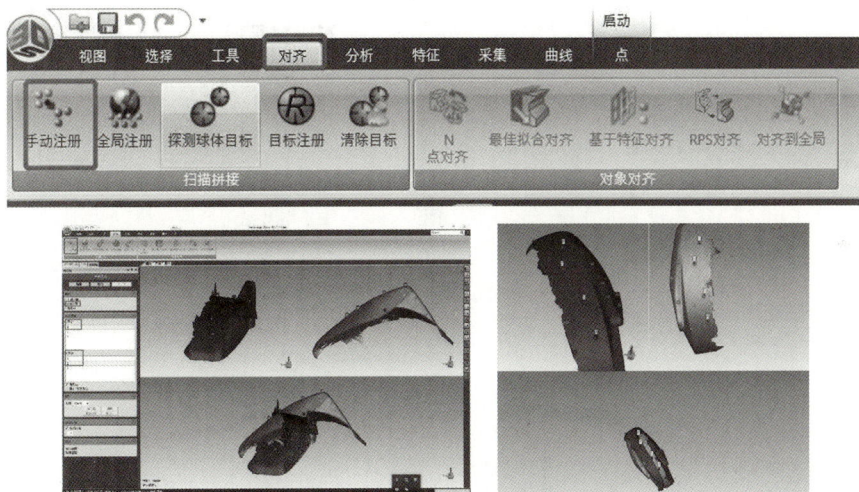

图 1-72　手动注册命令

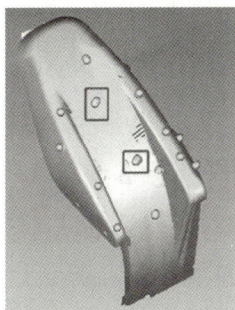

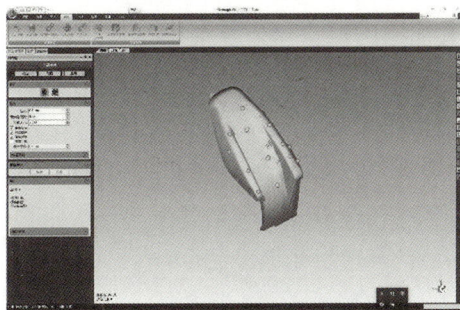

(a)全局注册前　　　　　　　　　　　(b)使用全局注册命令

图 1-73　全局注册命令前后对比

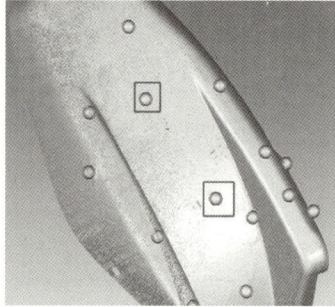

(c)全局注册后效果对比

图 1-73(续)

（5）联合封装

使用命令封装→应用→确定,完成点云封装,此时模型为多边形三角面片阶段,如图 1-74 所示。

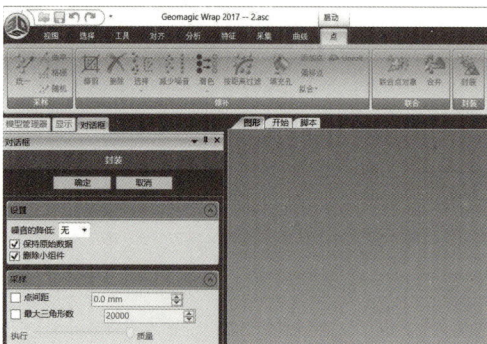

(a)使用封装命令

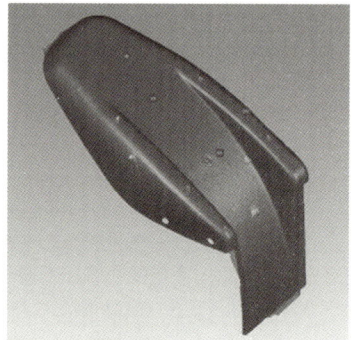

(b)模型三角面片效果

图 1-74 联合封装

2. 多边形阶段

多边形网格化是将预处理过的点云集,用多边形相互连接,形成多边形网格,其实质是数据点与其临近点间的拓扑连接关系以三角形网格的形式反映出来。点云数据集所蕴含的原始物体表面的形状和拓扑结构可以通过三角形网格的拓扑连接揭示出来。进入多边形阶段,还是会有一些面片错误,需要修正调试,如图 1-75 所示。

多边形常用命令如表 1-6 所示,多边形使用网格医生命令,通过计算诊断常见的面片错误,以便修复一些细小不易观察的网格错误;若多边形的数据过大,可以通过简化命令将数据减小到合适值;想要删除模型上的一些非流行三角形,可选用开流行命令;孔洞过多或是断裂较大时,可选用孔填充命令。

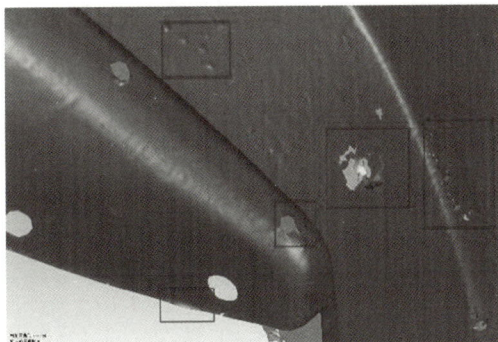

图 1-75　面片错误示例

表 1-6　多边形常用命令

修补网格错误	修复工具	填充孔	修复边界/面	编辑网格
网格医生				
简化	松弛		锐化	
裁剪	删除钉状物		边界创建、修复	雕刻
去除特征	减少噪音	全部填充	修改	抽壳
开流形	砂纸	填充单个孔	拟合平面、圆柱	偏移
重划网格	快速光顺		面、孔	
平顺光滑				

　　减少不易发现的重复位置杂点,选用去除体外孤点和非连接项;如果模型数据采集时,扫描过程中设备震动或其他原因形成表面粗糙点,可以选用减少噪音点命令,调整偏差;对于多视角数据,则需通过点云注册进行手动拼接,然后通过联合点对象变成复合点云,再封装导出,对于完全自动拼接的整体数据,可以直接封装并导出三角面片模型备用。

　　提示:多边形阶段处理流程并没有严格的顺序,对于某个具体模型,需要针对该模型的具体问题选择某个操作,常见情况下的处理流程为修补错误网格、平滑光顺网格表面、填充孔、修复边界/面以及编辑网格命令,根据模型的具体要求选择是否执行。

　　(1)"修补"操作组

　　"修补"操作组如图 1-76 所示,它包含一系列修复网格命令,以修复点云网格化过程中出现的网格错误,所包含的操作工具有:

　　①"删除":从对象中删除所选多边形,功能同删除(Delete)键。

　　②"网格医生":自动检测并修复多边形网格内的缺陷。

　　提示:"网格医生"能自动修复网格细微缺陷,可用该命令修复常见错误网格,如钉状物、小孔、非流形等。当模型网格数量较少时,可直接使用"网格医生"修复常见错误网格;但当网格数据较多时,直接使用"网格医生"命令则会使计算时间过长,此时建议分别使用各自修复命令修复网格,直至修复完成,最后使用"网格医生"检查是否有遗漏。

图1-76　"修补"操作组

③"简化"：减少三角形数目,但不影响曲面细节或颜色。

提示："简化"命令会删除模型中的网格,一般情况下不建议使用该命令减少网格。通常是通过在点云阶段对点云数量缩减,在封装过程控制面片数量以达到减少网格的效果。

④"裁剪"：在对象上叠加一个平面或曲线对象,并移除该对象一侧的所有三角形网格,或在网格与平面的交界处创建一个人工边界。用平面裁剪：在对象上叠加一个平面,并移除该平面一侧所有网格,或在交点创建一个人工边界；用曲线裁剪：在多边形网格上剪出具有投影修剪曲线形状的部分；用薄片裁剪：使用二维曲线切割多边形对象,以从多边形对象中切除一个三维块。

⑤"流形"：删除非流形三角网格的一组命令。流形三角形是与其他三角形三边相接或两边相接(一边重合)的三角形。开流形：从开放的流形对象中删除非流形三角形,该命令将会删除孤立网格；闭流形：从封闭的流形(体积封闭)对象中删除非流形三角形,在开放的流形对象上,所有三角形均会被视为非流形,并且整个对象会被删除。

⑥"去除特征"：删除所选特征,并填充删除后留下的孔。

⑦"重划网格"：包括以下三个命令。

重划网格：重新封装,产生一个更加统一的三角面。

细化：按用户定义的系数细分多边形,以在对象上或所选区域内增加多边形数目。

重新封装：在多边形对象的所选部分上重建多边形网格。

⑧"优化网格"：对多边形网格(或所选部分网格)重分网格,不必移动底层点以更好地定义锐化和近似锐化的结构。

⑨"增强网格"：在平面区内对网格进行细化,以准备对网格进行曲面设计,在高曲率区域增加点而不破坏形状。

⑩"修复工具"：完善多边形网格的一组命令。

编辑多边形：对单个多边形的三角部分进行编辑处理。

修复法线：修复由缠绕嘈杂的点对象导致的多边形的法线方向。

翻转法线：翻转多边形网格的法线方向。

拟合到平面：通过选择多边形来拟合平面。

拟合到圆柱面：通过选择多边形来拟合圆柱面。

(2)"平滑"操作组

"平滑"操作组功能如图1-77所示,即对网格进行平滑操作,消除尖角,使表面更加光顺。

①"松弛"：最大限度减少单独多边形之间的角度,使得多边形网格更加平滑。

②"删除钉状物":检测并展平多边形网格上的单点尖峰。

③"减少噪音":将点移至统计的正确位置,以弥补噪音(如扫描仪误差)。噪音会使锐边变钝,使平滑曲线变粗糙。

④"快速光顺":使多边形网格或所选部分网格更加平滑,并使网格大小一致。

⑤"砂纸":使用自由手绘工具使多边形更加平滑。

(3)"填充孔"操作组

"填充孔"操作组功能如图1-78所示,它是对孔洞的识别和填充,具体分为"全部填充"和"填充单个孔"。

图1-77 "平滑"操作组

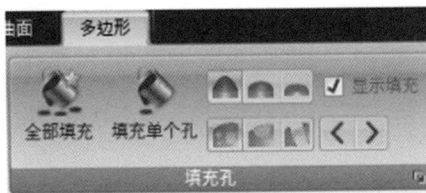
图1-78 "填充孔"操作组

①"全部填充":自动识别,并填充所筛选的孔。

②"填充单个孔":填充单个孔。

右上 ▮▮▮▮ 命令为填充孔的方式,需选中以上某个填充孔命令时激活。从左至右分别为:曲率,指定的新网格必须匹配周围网格的曲率;切线,指定的新网格必须匹配周围网格的切线;平面,指定的新网格大致平坦。

右下 ▮▮▮▮ 命令为识别孔的样式,当选中"填充单个孔"命令时激活,从左至右分别为:内部孔,指定填充一个完整开口,单击选择孔的边缘即可填充。边界孔,指定填充部分孔,在孔的边缘单击一点以指定起始位置,在孔的边缘单击另一点以指定局部填充的边界,最后单击边界线一侧,以选择填充孔的位置是在边界线的"左侧"或"右侧"。搭桥,指定一个通过孔的桥梁,以将孔分成可分别填充的孔。使用该功能将复杂的孔划分为更小的孔,以更精确地进行填充。在孔边缘上单击一点,将其拖至边缘上的另一点,然后松开按键以创建桥梁的一端。当再次松开按键时,桥梁创建成功。

(4)"联合"操作组(图1-79)

图1-79 "联合"操作组

①"合并"：应用此命令，可将两个或多个点对象合并为一个点对象，在模型管理器内生成一个新的多边形对象。

②"曲面片"：合并一个已经存在的点云对象或多边形对象到一个新的多边形对象。

③"联合"：通过两个或多个活动多边形对象创建单独多边形对象。

④"布尔"：应用此命令可得到两个模型的并集或交集，或是选中的模型减去它与其他模型交集生成的新对象。

⑤"平均值"：创建一个作为两个或更多原始对象平均值的新活动对象。

（5）"偏移"操作组（图1-80）

图1-80 "偏移"操作组

①"雕刻"：以交互方式改变多边形网格形状的一组命令。

雕刻刀：允许修改自由形式的网格，可设定刀具以指定宽度、高度或深度添加或删除材料。

用曲线雕刻：使用导向曲线以修改网格。

区域变形：设置椭圆形参数，以使区域凸起和凹陷精确数量的网格。

②"抽壳"：这些命令允许创建一个封闭体。

抽壳：沿单一方向复制和偏移网格以创建厚度，从而生成具有体积的多边形对象。

加厚：沿两个方向复制和偏移网格以创建厚度，从而生成具有体积的多边形对象。

③"偏移"：使多边形网格凸起和凹陷精确数量的一组命令。

偏移整体：应用均匀偏移使对象变大或变小。

偏移选择：沿正法线方向或负法线方向使选择的一组多边形凸起或凹陷一定距离，并在周围狭窄区域内创建附加三角形以确保整个曲面不被破坏。

雕刻：在多边形网格上创建凸起或凹陷的字符，该命令只能使用美制键盘字符。

浮雕：在多边形网格上浮雕图像文件以进行修改。

（6）"边界"操作组（图1-81）

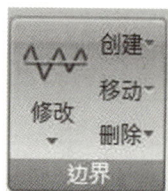

图1-81 "边界"操作组

①"修改"：在多边形对象上修改边界的命令。

编辑边界：使用控制点和张力重建一个人工边界。

松弛边界：松弛多边形网格使自然边界更加平滑。

创建/拟合孔：切出一个完好的孔，将锯齿状孔转化为完好的孔，或调整孔的大小，并创建一个有序的自然边界。

直线化边界：在现有边界线上确定两个点，并选择需要直线化的边界部分，创建直线包含的操边界。

细分边界：沿边界线标记特殊点，使其在编辑边界时作为端点。

②"创建"：在多边形对象上创建人工边界的一组命令。

样条边界：根据用户控制点布局创建一个样条，并将样条转换为边界。

选择区边界：选择一组多边形并在其周围创建边界。

多义线边界：沿用户选择的顶点路径创建一个边界。

折角边界：在法线相差指定角度或更大角度的每对相邻多边形之间创建边界。

③"移动"：移动现有边界的一组命令。

投影边界到平面：将接近边界的现有三角形拉伸，以将选择的边界投射到用户定义的平面。

延伸边界：按周围曲面提示的方向投射一个选择的自由边界。

伸出边界：将选择的自然边界投射到与其垂直的平面。

④"删除"：移除非自然边界的一组命令。

删除边界：从对象中删除一个或多个边界。

删除全部边界：清除包括细分边界在内（不包括自然边界）的所有边界。

细分点：从选择的三角形区域中移除细分点。

（7）"锐化"操作组

"锐化"操作组如图1-82所示，主要对边界锐化，并提取出边界。

图1-82　"锐化"操作组

①锐化向导：在锐化多边形对象的过程中做引导。本组其他三个工具是锐化向导命令的补充，在锐化向导失败后（如网格自相交），使用其他三个命令可从锐化向导的步骤手动执行锐化。

②延伸切线：从两个相交形成锐角的平面（或近似平面的曲面）中的每一个平面引出一条"切线"。其交点可确定锐边的位置。

③编辑切线：修改曲线上的顶点位置，或固定顶点位置，以确保其不受其他编辑命令的

干扰。此项功能有助于精确控制曲线的形状,确保设计或分析的准确性。

④锐化多边形:延长多边形网格以形成"延长切线"提示的锐边。

学习小结

【自学自测】

学习领域	逆向建模技术		
学习情境 1	液压泵油口法兰逆向设计	任务 2	液压泵油口法兰数据处理
作业方式	小组分析,个人解答,现场批阅,集体评判		
1	点云数据处理的主要流程是什么?		

作业解答:

2	Geomagic Wrap 软件中多边形阶段填充孔洞有几种方法,分别是什么?

作业解答:

3	减少点云数据中点的数量,可以通过精简采样方式实现,其中包含哪几种具体操作?分别是什么?

作业解答:

表（续）

4	全局注册的作用是什么？

作业解答：

5	简述数据处理有哪几个阶段。

作业解答：

6	简述 Geomagic Wrap 软件常用的基本操作命令。

作业解答：

作业评价：

班级		组别		组长签字	
学号		姓名		教师签字	
教师评分		日期			

【任务实施】

本任务模型如图 1-51 所示，要求对测量液压泵油口法兰得到的点云数据做进一步优化处理，以提高模型表面数据质量。根据完成任务情况填写评价表单。

1. 着色点

选择菜单栏中"点"→"修补"→"着色"→"着色点"，将扫描后的黑色点云进行着色，如图 1-83 所示。注意，实际操作中，已经着色的点中，绿色表示形状外侧，黄色表示形状内侧。

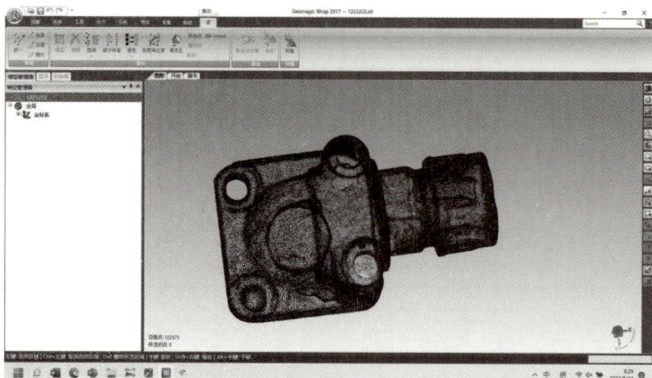
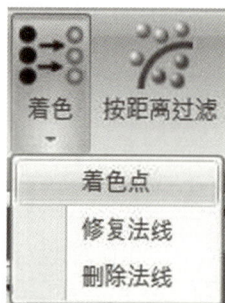

(a)点云未着色　　　　　　　　　　　　　　　(b)着色点命令

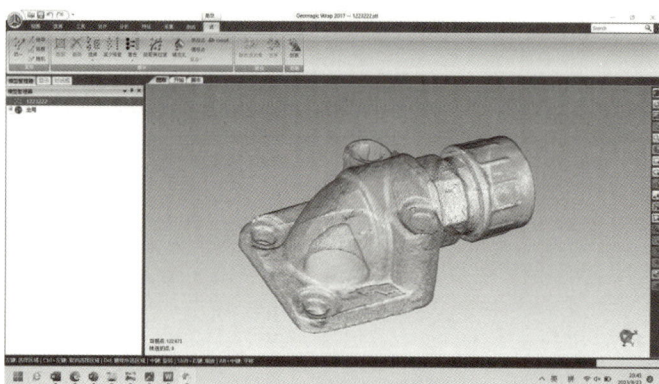

(c)点云着色后

图1-83　着色点处理

2. 修复法线方向

着色后的点云法线方向容易发生错误,图1-84(a)为法线方向错误的面片模型,图1-84(b)为修复法线方向后封装的面片模型。

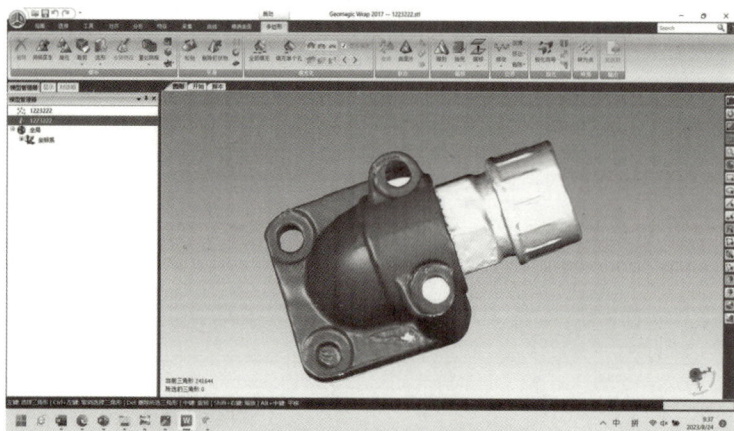

(a)法线方向错误面片模型

图1-84　修复法线前后面片对比

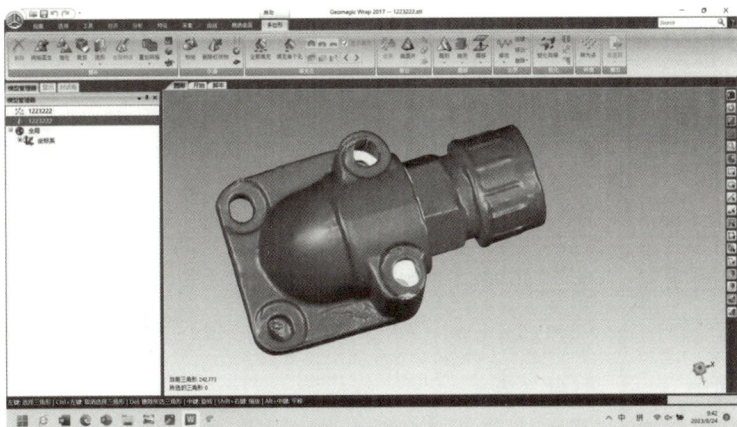

(b)修复法线方向后封装的面片模型

图 1-84(续)

修复法线方向选择菜单栏中"点"→"修补"→"着色"→"修复法线",在弹出的左侧对话框中可以点击"Ctrl+A"选中全部点云后,选择"重新计算法线"将法线方向错误的点云修正,也可以使用鼠标左键选择想要翻转法线方向的点,点击"翻转法线"按钮,如图 1-85 所示。

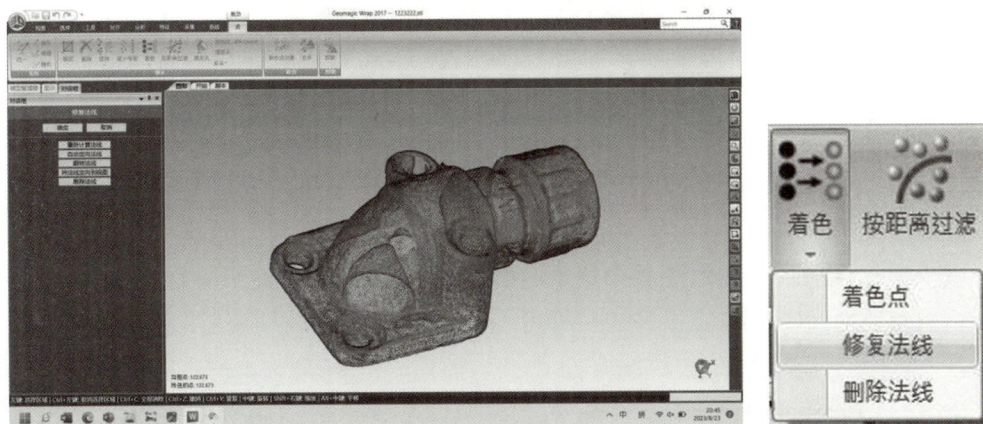

图 1-85 修复法线方向

3. 去除非连接项

去除非连接项,点击菜单栏中"点"→"修补"→"选择"→"非连接项",在图 1-86 中界面左侧对话框中参数均保持默认,点击"确定",计算机自动选中要去除的点,点击键盘中"Delete"键,删除非连接项。

4. 去除体外孤点

去除体外孤点,如图 1-87 所示,选择菜单栏中"点"→"修补"→"选择"→"体外孤点",在弹出对话框中的"敏感度"保持默认 85.0,点击"确定",计算机自动选中要去除的点后,点击键盘中"Delete"键,删除体外孤点。

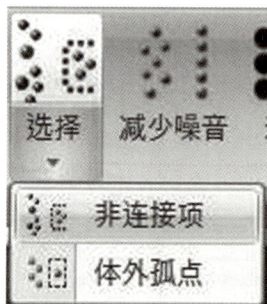

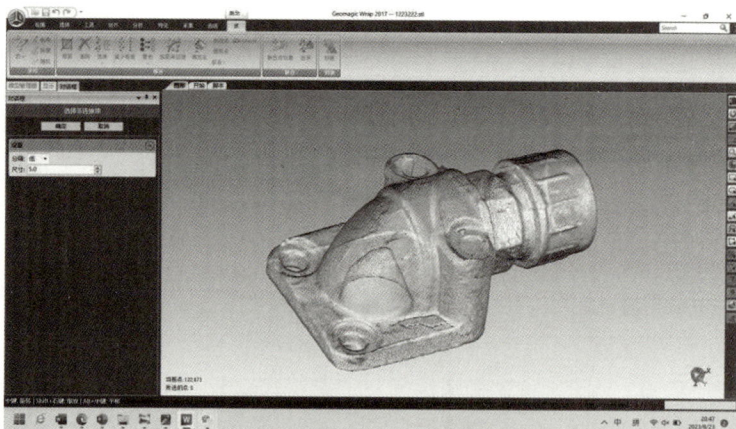

图1-86　去除非连接项

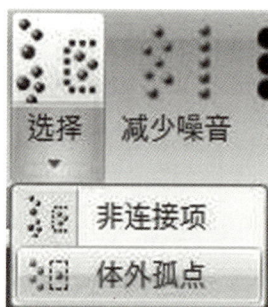

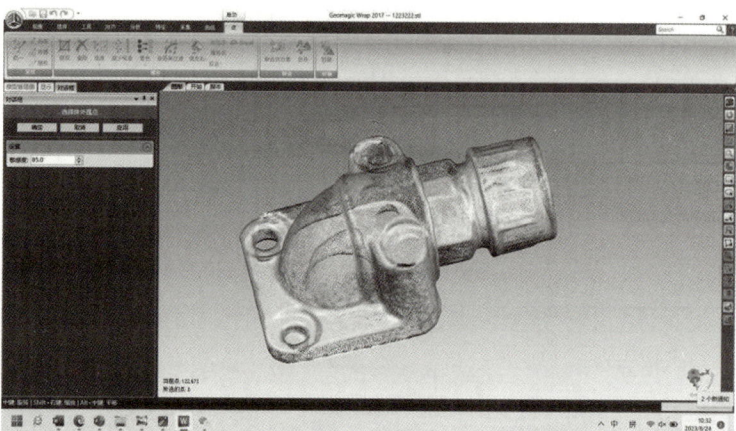

图1-87　去除体外孤点

5.减少噪音

减少噪音,如图1-88所示,选择菜单栏中"点"→"修补"→"减少噪音",在左侧弹出的对话框内参数均保持默认,点击"确定"即可。

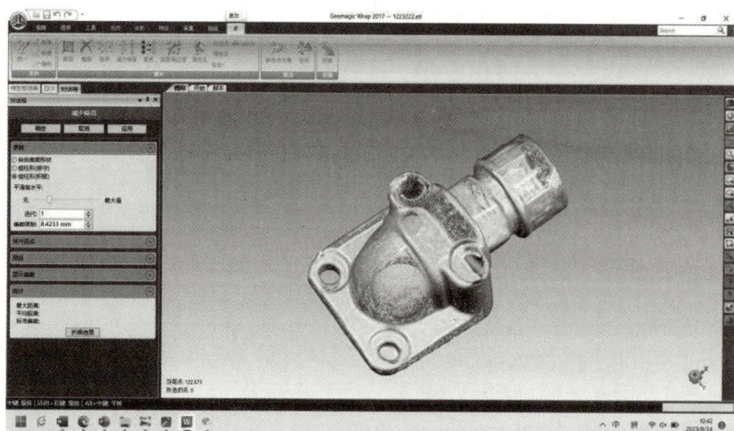

图1-88　减少噪音

6. 点云封装

点云封装如图 1-89 所示,选择菜单栏中"点"→"封装",将点云封装成面片。

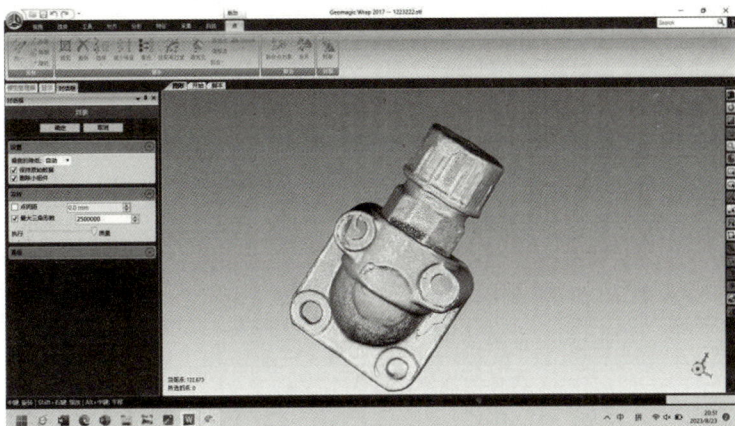

(a)点云封装前

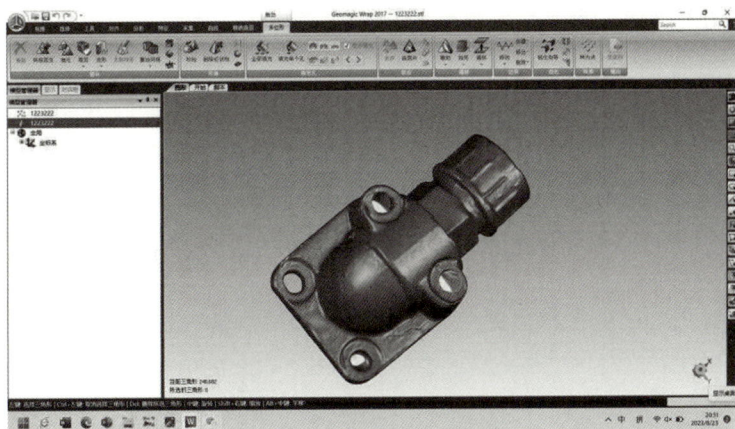

(b)点云封装后

图 1-89　点云封装

7. 文件导出

将处理好的文件数据另存为"液压泵油口法兰. stl"格式,并导出到指定位置。

【液压泵油口法兰数据处理工作单】

计划单

学习情境1	液压泵油口法兰逆向设计		任务2	液压泵油口法兰数据处理
工作方式	组内讨论、团结协作共同制定计划,小组成员进行工作讨论,确定工作步骤		计划学时	0.5学时
完成人	1.　　　2.　　　3.　　　4.　　　5.　　　6.			

计划依据:1.　　　　　　;2.

序号	计划步骤	具体工作内容描述
1	准备工作(模型数据、软件调试,谁去做?)	
2	组织分工(成立组织,人员具体都完成什么工作?)	
3	制定方案(观察模型→数据处理步骤确认→数据优化→评价,各阶段重点是什么?)	
4	制作过程(数据处理前准备,数据处理过程注意要点,数据处理完成后的操作步骤是什么?)	
5	整理资料(谁负责?整理什么内容?)	
制定计划说明	(对各人员完成任务提出可借鉴的建议或对计划中的某一方面做出解释)	

决策单

学习情境 1	液压泵油口法兰逆向设计	任务 2	液压泵油口法兰数据处理
决策学时			0.5 学时

决策目的:数据处理各环节流程方案对比分析,比较点云质量、有效数量、处理时间等

	成员	方案的可行性 (数据质量)	参数的合理性 (采集时间)	加工的经济性 (测量成本)	综合评价
工艺方案 对比	1				
	2				
	3				
	4				
	5				
	6				
决策评价	结果:(将自己的加工方案与组内成员的加工方案进行对比分析,对自己的工艺方案进行修改并说明修改原因,最后确定一个最佳方案)

检查单

学习情境 1	液压泵油口法兰逆向设计	任务 2	液压泵油口法兰数据处理
评价学时		课内 0.5 学时	第　　组

检查目的及方式	在加工过程中,教师对小组的工作情况进行监督、检查,如检查等级为不合格,则小组需要整改,并拿出整改说明

序号	检查项目	检查标准	检查结果分级 (在检查相应的分级框内划"√")				
			优秀	良好	中等	合格	不合格
1	准备工作	资源是否已查到,材料是否准备完整					
2	分工情况	安排是否合理、全面,分工是否明确					
3	工作态度	小组工作是否积极主动,是否为全员参与					
4	纪律出勤	是否按时完成负责的工作内容、遵守工作纪律					
5	团队合作	是否相互协作、互相帮助,成员是否听从指挥					
6	创新意识	任务完成是否不照搬照抄,看问题是否具有独到见解与创新思维					
7	完成效率	工作单是否记录完整,是否按照计划完成任务					
8	完成质量	工作单填写是否准确,流程环节、参数设置、成型件质量是否达标					

检查评语		教师签字:

【任务评价】

小组工作评价单

学习情境1	液压泵油口法兰逆向设计		任务2	液压泵油口法兰数据处理		
评价学时			课内0.5学时			
班级			第 组			
考核情境	考核内容及要求	分值（100）	小组自评（10%）	小组互评（20%）	教师评价（70%）	实际得分
汇报展示（20分）	演讲资源利用	5				
	演讲表达和非语言技巧应用	5				
	团队成员补充配合程度	5				
	时间与完整性	5				
质量评价（40分）	工作完整性	10				
	工作质量	5				
	报告完整性	25				
团队意识（25分）	核心价值观	5				
	创新性	5				
	参与率	5				
	合作性	5				
	劳动态度	5				
安全文明生产（10分）	工作过程中的安全保障情况	5				
	工具正确使用和保养、放置规范	5				
工作效率（5分）	能够在要求的时间内完成，每超时5分钟扣1分	5				

小组成员素质评价单

学习情境 1	液压泵油口法兰逆向设计		任务 2		液压泵油口法兰数据处理		
班级		第　组		成员姓名			
评分说明	每个小组成员评价分为自评分和小组其他成员评分两部分,取平均值,作为该小组成员的任务评价个人分数。评分项目共计 5 个,依据评分标准给予合理量化打分。小组成员自评分后,要找小组其他成员以不记名方式评分						

评分项目	评分标准	自评分	成员 1 评分	成员 2 评分	成员 3 评分	成员 4 评分	成员 5 评分
核心价值观 (20 分)	有无违背社会主义核心价值观的思想及行动						
工作态度 (20 分)	是否按时完成负责的工作内容、遵守纪律,是否积极主动参与小组工作,是否全过程参与,是否吃苦耐劳,是否具有工匠精神						
交流沟通 (20 分)	能否良好地表达自己的观点,能否倾听他人的观点						
团队合作 (20 分)	是否与小组成员合作完成任务,做到相互协作、互相帮助、听从指挥						
创新意识 (20 分)	看问题能否独立思考、提出独到见解,能否利用创新思维解决遇到的问题						
小组成员 最终得分							

【课后反思】

学习情境 1	液压泵油口法兰逆向设计	任务 2	液压泵油口法兰数据处理
班级	第　　组	成员姓名	

情感反思	通过对本次任务的学习和实训,你认为自己在社会主义核心价值观、职业素养、学习和工作态度等方面有哪些需要提高的部分?
知识反思	通过对本次任务的学习,你掌握了哪些知识点?请画出思维导图。
技能反思	在完成本次任务的学习和实训过程中,你主要掌握了哪些技能?
方法反思	在完成本次任务的学习和实训过程中,你主要掌握了哪些分析和解决问题的方法?

【课后作业】

一、选择题

1. Geomagic Wrap 处理数据包括以下哪些阶段？ （　　）

A. 删除杂点　　　　　B. 封装　　　　　　　C. 删除钉状物　　　　D. 切片

2. Geomagic Wrap 拥有强大的点云处理能力，下列说法正确的是 （　　）

A. 能处理大型三维点云数据集

B. 优化扫描数据

C. 可以从所有主要的三维扫描仪和数字化仪中采集数据

D. 通过随机点采样、统一点采样和基于曲率的点采样降低数据集的密度

二、判断题

1. Geomagic Wrap 软件是将点云数据转化为三角面片。 （　　）

2. Geomagic Wrap 软件可对数据表面进行光顺处理。 （　　）

3. Geomagic Wrap 软件为下一阶段的逆向建模做准备。 （　　）

4. Geomagic Wrap 软件处理后的数据是实体形态。 （　　）

三、操作题

扫描下方二维码，获取模型数据，根据模型特征完成数据优化处理，并导出为 STL 格式。

案例 1　　　　　　案例 2

案例 3-1　　　案例 3-2　　　案例 3-3

四、思考题

如何评价点云模型的质量，关键要素有哪些？

任务3　液压泵油口法兰逆向建模

【任务工单】

学习情境1	液压泵油口法兰逆向设计	任务3	液压泵油口法兰逆向建模
任务学时		4学时（课外8学时）	
布置任务			
任务目标	1. 能够完整阐述 Geomagic Design X 软件基本功能的相关知识； 2. 能够准确说出 Geomagic Design X 软件逆向建模的基本流程； 3. 能够根据模型特征完成模型重构		
任务描述	目前液压泵油口法兰产品的点云数据已经处理完毕，得到了优化的 STL 面片模型数据，如图1-90所示，接下来需要使用逆向设计软件重构数模数据。 **图1-90　液压泵油口法兰 STL 面片**　　　　**法兰 STL 文件** 请根据模型特征完成以下任务： 1. 安装软件后，模型导入软件； 2. 观察模型特征，合理选取辅助平面，规划模型逆向重构思路； 3. 完成模型重构		
学时安排	资讯 1学时	计划 0.5学时	决策 0.5学时　实施 1学时　检查 0.5学时　评价 0.5学时
提供资源	1. STL 格式模型文件； 2. 计算机、Geomagic Design X 软件、U盘； 3. 任务单、多媒体课件、教学演示视频及其他共享数字资源		
对学生学习及成果的要求	1. 独立完成软件安装； 2. 能够合理使用 Geomagic Design X 软件的各项基本功能； 3. 能够运用 Geomagic Design X 软件进行逆向建模； 4. 能按照学习导图自主学习，并完成课前自学的问题训练和作业单； 5. 严格遵守课堂纪律，学习态度认真、端正，能够正确评价自己和同学在本任务中的素质表现；		

表（续）

对学生学习及成果的要求	6.必须积极参与小组工作,承担模型设计、参数设置、设备调试、加工打印等工作,做到积极主动不推诿,能够与小组成员合作完成工作任务; 7.需独立或在小组同学的帮助下完成任务工作单并提请检查、签认,对提出的建议或有错误务必及时修改; 8.每组必须完成任务工作单,并提请教师进行小组评价,小组成员分享小组评价分数或等级; 9.完成任务反思,以小组为单位提交

【课前自学】

知识点 1　Geomagic Design X 软件认知

通常来说,三维扫描仪测定的点云或者面片基本上都不能直接用于设计。如图 1-91 所示为 Geomagic Design X 软件,它能够从破损或者含有杂点的扫描数据直接创建模型,是一款能够以三维扫描数据为基础创建 CAD 模型的三维逆向工程软件。

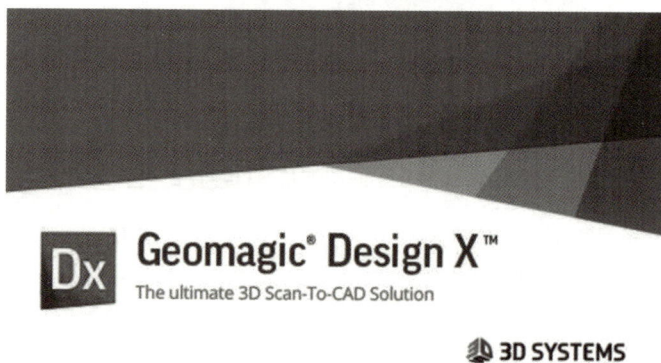

图 1-91　Geomagic Design X 软件

Geomagic Design X 可以用于多个领域,如汽车和航空工业的修复和改进、医疗设备的设计和制造、艺术品的复制和保护等。其功能包括多种 CAD 建模工具、精细的几何操作、自动去除噪音和瑕疵,提供了可高度自定义的工作流程、自动化的测量和检查、有效的分析和优化功能等。

知识点 2　Geomagic Design X 基本命令详解

图 1-92 为 Geomagic Design X 软件界面显示图。管理器面板中常用到"树"选项卡,"树"选项卡分特征树和模型树。Geomagic Design X 使用参数化履历建模的模式,允许存储

构建几何形状并创建实体,同样也可以存储操作的顺序和它们彼此之间的关系。在重新编辑更改特征时,可以双击特征或单击鼠标右键选择编辑。特征若删除,则关联特征也将失效。创建特征(草图、实体等)会按照时间顺序排列;模型树通过分类显示所有创建的特征,可以用来选择和控制特征实体的可见性,显示/隐藏图标可以在隐藏和显示之间切换。

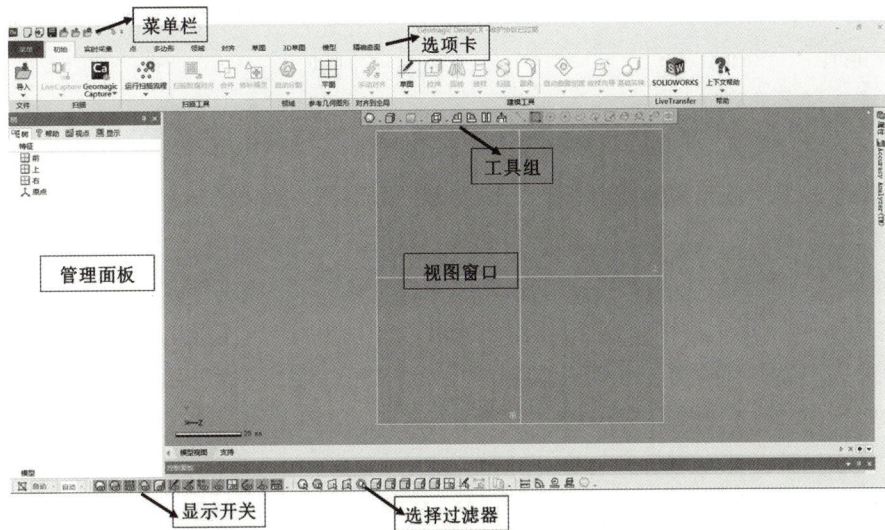

图 1-92　Geomagic Design X 软件界面显示图

软件界面的选项卡主要包括 7 个,分别是"初始"选项卡、"模型"选项卡、"草图"选项卡、"3D 草图"选项卡、"对齐"选项卡、"曲面创建"选项卡和"领域划分"选项卡。

1. "初始"选项卡

此选项卡下命令的主要作用是给软件操作人员提供基础的操作环境,包含的主要功能有文件打开与存取、对点云或多边形数据的采集方式的选择、建模数据实时转换到正向建模软件中以及帮助选项等。

2. "模型"选项卡

此选项卡下命令的主要作用是对实体模型或曲面进行编辑与修改,包含的主要功能有:

(1)创建实体(曲面):拉伸、回转、放样、扫描与基础实体(或曲面)。

(2)进入面片拟合、放样向导、拉伸精灵、回转精灵、扫略精灵等快捷向导命令。

(3)构建参照坐标系与参照几何图形(点、线、面)。

(4)编辑实体模型包括布尔运算、圆角、倒角、拔模、建立薄壁实体等。

(5)编辑曲面,包括剪切曲面、延长曲面、缝合曲面、偏移曲面等。

(6)阵列相关的实体与平面,包括移动、删除、分割实体或曲面。

3. "草图"选项卡

此选项卡的作用是进入草图模式,包括草图与面片草图两种操作形式。草图是在已知平面上直接绘制草图,相当于正向设计时的二维图形绘制;面片草图是以定义平面截取面片数据的截面轮廓线为参考进行草图绘制。其包含的主要功能有：

(1)绘制直线、矩形、圆弧、圆、样条曲面等。

(2)选用剪切、偏置、要素变换、阵列等常用绘图命令。

(3)设置草图约束条件，设置样条曲线的控制点。

4."3D草图"选项卡

此选项卡的作用是进入3D草图模式，包括3D草图与3D面片草图两种形式。其包含的主要功能有：

(1)绘制样条曲线。

(2)进行对样条曲线的剪切、延长、分割、合并等操作。

(3)提取曲面片的轮廓线，构造曲面片网格与移动面片组。

(4)设置样条曲线的终点、交叉与插入的控制数。

5."对齐"选项卡

此选项卡下的命令主要用于将模型数据进行坐标系的对齐。其包含的主要功能有：

(1)对齐扫描得到的面片或点云数据。

(2)对齐面片与世界坐标系。

(3)对齐扫描数据与现有的CAD模型。

6."曲面创建"选项卡

此选项卡的主要作用是通过提取轮廓线、构造曲面网格，从而拟合出光顺、精确的NURBS曲面。其包含的主要功能有：

(1)自动曲面化。

(2)提取轮廓线，自动检测并提取面片上的特征曲线。

(3)绘制特征曲线，并进行剪切、分割、平滑等处理。

(4)构造曲面网格。

(5)移动曲面片组。

(6)拟合曲面。

7."领域划分"选项卡

此选项卡的主要作用是根据扫描数据的曲率和特征将面片划分为不同的几何领域。其包含的主要功能有：

(1)自动分割领域。

(2)重新对局部进行领域划分。

(3)手动合并、分割、插入、分离、扩大与缩小领域。

(4)定义划分领域的公差与孤立点比例。

知识点3 Geomagic Design X 命令模块

1.草图绘制模块

(1)草图

软件可正向建模，进入草图命令，通过常用命令绘制草图，见表1-7。

表1-7　草图命令

命令		实现功能
基础设置	自动草图	软件自动从多段线处提取直线和弧线,以创建完整、受约束的草图轮廓
	智能尺寸	将精确尺寸标注到草图中,例如距离、角度、半径等
	约束条件	添加或编辑所选草图的几何约束关系
绘制命令	直线	绘制一条或多条直线。单击开始绘制直线,每次单击都会完成绘制一条线段,双击结束直线绘制
	参照线	绘制可用于构造的参照线。此类型的构造几何形状可与草图要素一同使用
	3点圆弧	通过设置起始点、终点和半径绘制圆弧
	中心点圆弧	通过设置中心、起始点和终点绘制圆弧
	圆	绘制一个圆。单击确定圆的中心点,再次单击设置圆的半径
	外接圆	通过确定三个点定义圆周的方式来创建一个圆
	矩形	通过确定对角绘制矩形
	平行四边形	通过三点法绘制平行四边形。前两点定义底长,最后一点定义高度和角度
	多边形	通过指定边数、位置和尺寸来创建标准的多边形
	切线圆弧	选择圆弧或线段等草图图形的一个端点作为起点,该起点也是所做圆弧与原图形的切点,然后确定终点,得到所绘制的圆弧
	3点相切圆弧	使用接触基准草图平面上其他三个草图要素边线的内接圆绘制圆弧
	3要素相切圆	绘制接触基准草图平面上其他三个草图要素边线的内接圆
	腰形孔	通过三点法绘制腰形孔。前两点定义长穴的边长,第三点定义长穴圆弧的直径

表 1-7（续 1）

命令		实现功能
绘制命令	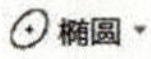 ⊘ 椭圆 ▾	绘制一个椭圆。单击第一次确定椭圆中心点,单击第二次确定椭圆的定向和第一条半径,单击第三次确定第二条半径
	 ⊙ 局部椭圆 ▾	绘制椭圆弧。单击第一次确定椭圆中心点,单击第二次确定椭圆的定向和第一条半径,单击第三次确定第二条半径,单击第四次确定椭圆弧的终点
	 ✻ 抛物线 ▾	通过基准草图平面上的四个点绘制抛物线曲线
	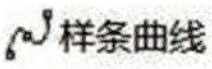 ∿ 样条曲线	使用插入点绘制样条曲线
工具命令	 剪切	包括"分割剪切"和"相交剪切",都是移除草图中不需要的部分,如自由线段或与其他草图几何相交的线段
	 调整	通过鼠标选中草图要素的一个端点并拖动调整它的尺寸
	⌒	在两条交叉直线或指定半径的弧线之间创建相切圆角
	⤢	分为"距离–距离"方式和"距离–角度"方式的倒角
	亐	以用户自定义的距离和方向偏离草图要素
	↘	将草图图形延长至与另一草图图形相交
	↘	在不删除任何线段的情况下,将一个草图要素分割成多个断点
	⊡	将多个草图中的要素合并到一个要素中。该功能与分割相反
	 转换实体	将参数模型中的边线或草图中的曲线等投影到当前草图的基准平面上,并变换为当前草图的草图要素
	⚘	将某一特征的外轮廓投影到当前草图基准平面上并变换成草图要素
	⋈	将线段、弧线段变换为样条曲线要素
	A	将文本变换为样条曲线要素

表 1-7（续 2）

命令		实现功能
阵列命令	⚠ 镜像	生成关于轴或草图线对称的草图图形要素
	⠿ 线形草图阵列	沿一条或两条线性路径的统一距离创建草图要素的多个复制
	⠿ 草图旋转阵列	通过一个定位点,沿一个圆形角度的统一间隔创建草图要素的多个复制

导入 STL 模型文件,通常会建立特征截面,求出模型某位置的二维截面图,使用"面片草图"命令切出二维截面图形,再使用常用绘制命令完成草图描绘。

（2）3D 草图

3D 草图模块包含"3D 面片草图"和"3D 草图"两个模式,处理的对象可以是面片和实体。在"3D 草图"模式下,可以创建样条曲线、断面曲线和境界曲线,界面如图 1-93 所示。"3D 面片草图"模式下也可以创建上述曲线,区别在于其创建的曲线在面片上。"3D 面片草图"模式下还可以创建、编辑补丁网格,通过补丁网格拟合 NUBRS 曲面,与曲面创建模块中的补丁网格功能相同。

3D 草图模块包含"设置""绘制""编辑""创建/编辑曲面片网格""结合"和"再创建"6 个命令组,下面对常用命令做介绍。

图 1-93　3D 草图界面

①"设置"命令组

通过"设置"命令组的下拉菜单,可以选择进入 3D 草图环境或 3D 面片草图环境,这两个环境下都可以绘制空间曲线,其操作和功能基本相同,不同的是,3D 面片草图环境中绘制或编辑的曲线,一定会投影到点云或面片上,而 3D 草图环境中创建的曲线不会。

②"绘制"命令组与"编辑"命令组（表 1-8）

2. 领域模块

将面片表面曲率基本一致且连续的一片区域看作同一领域,在领域选项卡下,可以对面片表面进行领域划分、清除和编辑,包含"线段""编辑""几何形状分类"3 个命令组。

（1）"线段"命令组

该命令组包含"自动分割"和"重分块"两个命令,其原理是基于数据模型曲率与几何特征进行数据划分,使数据模型以一组领域形式表达。其中,"自动分割"是根据数据模型的曲率将原数据模型自动地划分为不同的领域,使用一组领域表达出原数据模型各特征,分割完成后会以不同的颜色区分各领域,颜色相同且连续的区域为一个领域;"重分块"是在自动分割后,某些划分领域不理想的情况下,选中要重新划分的领域,实现以不同曲率重新对领域进行自动归类,从而使领域组能够更好地表达出数据模型各特征。

表 1-8 "绘制"命令组与"编辑"命令组

		命令功能
"绘制"命令组	样条曲线	通过单击插入控制点的方式,可以生成一条穿越这些控制点的 3D 样条曲线,该曲线可以位于面片上或自由存在于 3D 空间中。样条曲线可用于创建曲线网格,这些网格可以用作拟合曲面的边界,也可以用于创建路径、进行扫描操作或进行放样处理
	偏移	对已存在的曲线或直线进行偏移,创建具有相同属性和形状的曲线或直线
	境界	选择面片上部分或完整边界,创建为曲线。在"3D 草图"模式和"3D 面片草图"模式都有效。境界命令可用于创建扫描或放样的路径,以及提取形状不规则模型的边界
"绘制"命令组	曲面上的 UV 曲线	在实体的表面上单击一点。在该点沿着 UV 方向创建两条曲线。此命令只在 3D 草图模式下有效。可用来根据指定点的分布创建 3D 曲线网格
	断面	通过设定断面与面片对象或实体对象相交创建断面曲线,也称为截面曲线。断面命令可用于创建曲线网格作为拟合曲面的境界;创建扫描和放样的路径;创建轮廓,作为放样的轮廓线
	转换实体	选择要变换的要素:实体边线、曲线或草图,将其变换为当前草图中的曲线。此命令在"3D 面片草图"模式和"3D 草图"模式下有些区别。"3D 面片草图"模式下,变换的要素将投影在面片上
	相交	操作对象为实体,选择相交的两实体,创建其相交线。此命令只在"3D 草图"模式下有效
	镜像	通过镜像创建 3D 曲线。在"3D 面片草图"模式下,镜像后的 3D 曲线将投影在面片上。在"3D 草图"模式下镜像得到的曲线在空间中的形状不发生变化
	绘制特征线	绘制面片上高曲率位置的曲线,单击面片上高曲率区域将自动提取曲线。此命令只在"3D 面片草图"模式下有效
	投影	将已存在的曲线投影在目标对象上,目标对象可以是面片、实体、参照面。此命令只在"3D 草图"模式下有效
"编辑"命令组	剪切	移除相交曲线上不需要的部分
	延长	延长曲线。选择曲线的端点作为延长起始点方向,可以选曲线的切线方向、曲率方向或投影方向。此命令在"3D 面片草图"模式和"3D 草图"模式的区别在于,"3D 面片草图"模式延伸时要沿着面片
	匹配	在曲线和对象要素间添加约束关系时对象要素可以是曲线、参考线、参考面、实体边界或实体表面。可以添加的约束关系有相切、曲率一致或正交

表 1-8（续）

		命令功能
"编辑"命令组	⌂ 平滑	对选择的曲线进行平滑处理，使其波动变小
	↵ 分割	分割选择的曲线，可以选择曲线的一点作为分割点，或以曲线间的交叉点、曲线与面的交叉点作为分割点
	⌸ 合并	合并两条以上的曲线为一条曲线，合并方式有连接曲线的端点为一条曲线或选择相邻的几条线创建为一条曲线

（2）"编辑"命令组（表 1-9）

表 1-9　"编辑"命令组

命令	命令功能
合并	将多个领域合并为一个领域
分割	通过绘制多段线，将某一领域分割成多个领域
插入	手动选择单元面来新建领域

3. 实体创建模块

实体创建模块包含拉伸、回转、放样和扫描四部分，如图 1-94 所示。

图 1-94　实体创建命令组界面

（1）拉伸

拉伸实体是将封闭的截面轮廓曲线沿截面所在的某矢量进行运动而形成的实体。通过选定"面片草图"模式或"草图"模式下绘制的封闭轮廓线可以创建拉伸实体。

（2）回转

回转实体是将封闭的轮廓草图沿着指定的中心轴线旋转一定的角度形成的实体，一般用于创建轴对称实体。通过选定"面片草图"模式和"草图"模式下绘制的封闭轮廓曲线和中心轴线可以创建回转实体。

（3）放样

放样实体是将两个或两个以上的封闭轮廓草图、边线或面连接起来而形成的实体，可以通过向导曲线来控制放样实体的形状，在首尾添加约束。在"面片草图"模式和"草图"模式下绘制封闭轮廓曲线。

（4）扫描

扫描实体是使封闭的轮廓草图沿着指定的路径进行运动所形成的实体。通过选定"面片草图"模式和"草图"模式下绘制的封闭轮廓线可以创建扫描实体。

4. 创建曲面模块

创建曲面命令组如图1-95所示，包括"拉伸""回转""放样""扫描"和"基础曲面"5个命令，各命令的操作与创建实体命令组中的对应命令基本一致，区别在于创建曲面中各命令操作的结果是得到片体而不是实体。

5. "向导"命令组

"向导"命令组主要包括面片拟合和放样向导，如图1-96所示。

图1-95　创建曲面命令组　　　　图1-96　向导命令组

（1）面片拟合

面片拟合是根据面片运用拟合计算而创建曲面，所以只能用于面片的逆向建模。在软件中导入面片并划分完领域组后，选择"模型"→"面片拟合"命令，将会弹出"面片拟合"对话框，在领域下选择"自由"，在分辨率下选取"控制点数"，分别输入"U 控制点数"和"V 控制点数"的具体数值，在"拟合选项"下，调整"平滑数值"，拟合出一张面片。单击下一步"→"按钮进入下一阶段，在"精度分析"下，单击"面片偏差"，查看曲面的精度，单击"√"，再次单击下一步"→"执行完面片拟合，可得到拟合出的曲面，如图1-97所示。

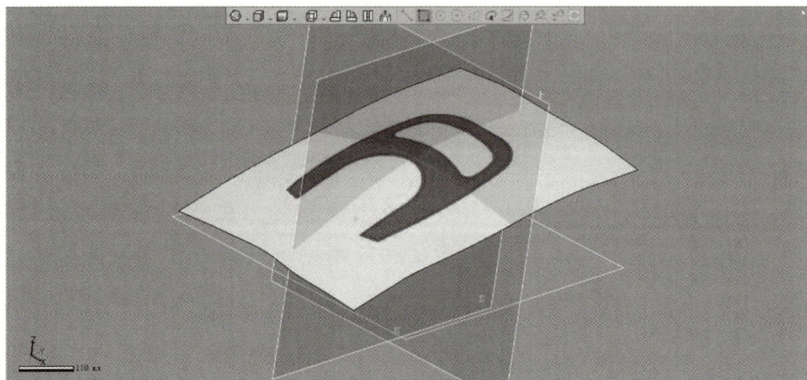

图1-97　拟合曲面片

（2）放样向导

该命令适用于一些过渡比较平缓的长曲面或筒形结构的逆向建模，单击模型菜单下的"放样向导"命令，弹出"放样向导"对话框。点选需要放样的领域，会在领域上生成一个由8个点控制的拟合范围，通过点住4个中心点并拖动，可以调节放样范围的大小。放样向导对话框中的"断面"可以调节拟合精度。

【自学自测】

学习领域	逆向建模技术		
学习情境1	液压泵油口法兰逆向设计	任务3	液压泵油口法兰逆向建模
作业方式	小组分析，个人解答，现场批阅，集体评判		
1	领域划分时，自动划分与手动划分的区别是什么？		

作业解答：

2	在构建模型时，相同的类型特征是否需要统一，为什么？

作业解答：

3	如何根据数据，构建精确的模型特征？

作业解答：

表(续)

4	Geomagic Design X 软件逆向建模的基本流程是什么?

作业解答:

5	模型建立坐标系的流程是什么?

作业解答:

6	如何快速进行曲面修剪?

作业解答:

作业评价:

班级		组别		组长签字	
学号		姓名		教师签字	
教师评分		日期			

【任务实施】

应用 Geomagic Design X 软件,完成液压泵油口法兰模型重构任务。打开 Geomagic Design X 软件,点击"菜单"→"导入",如图 1-98 所示,在弹出的对话框中选择"液压泵油口法兰"→"运行面片创建精灵",如图 1-99 所示。

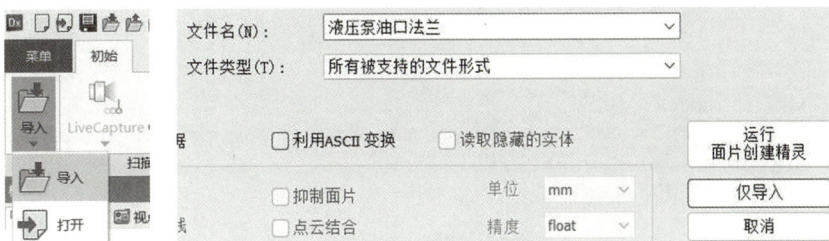

图 1-98 导入文件

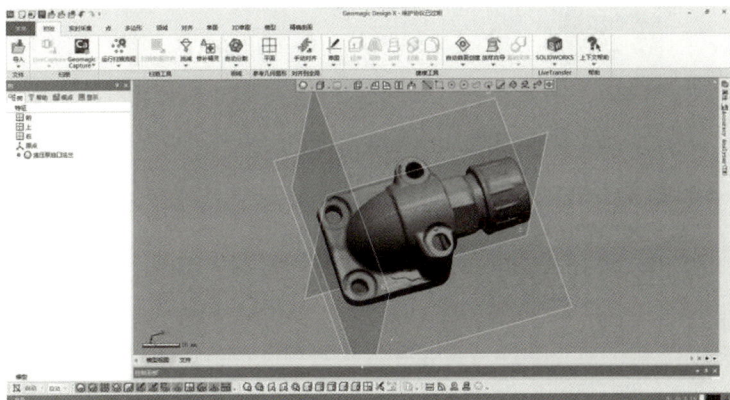

图 1-99 导入模型

1. 曲面领域划分

领域划分首先利用鼠标点击工具栏下方的选择工具"画笔选择模式",如图 1-100 所示,利用笔刷刷取曲率相近的曲面区域,如图 1-101 所示,注意,需要多次刷取曲面时,按住键盘中的"Shift"键作为多选功能键,如要删除已刷取的曲面可按住键盘中的"Ctrl"键作为删除所选区域功能键进行领域的选择。领域选择完毕后单击菜单栏中的"领域"→"编辑"→"插入",如图 1-102 所示,完成领域的插入,依此类推,画出不同曲面的领域,如图 1-103 所示。

图 1-100 笔刷选择模式

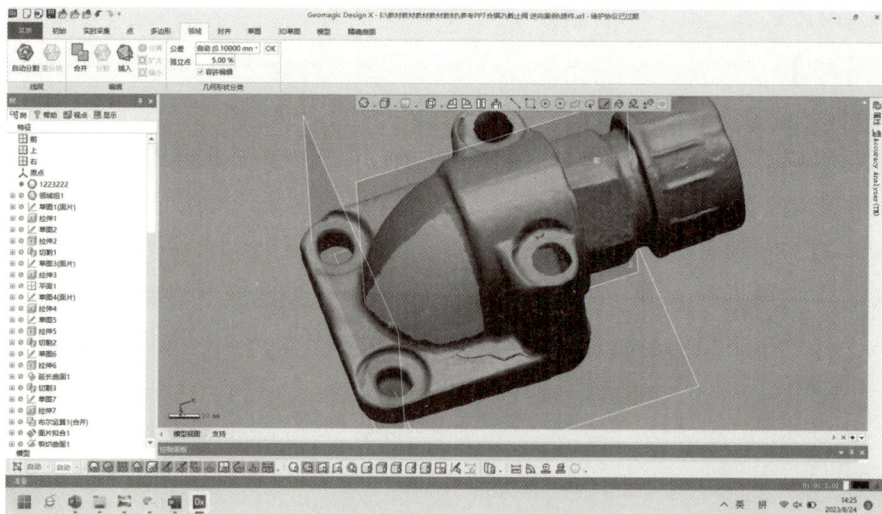

图1-101　选择领域

图1-102　编辑领域

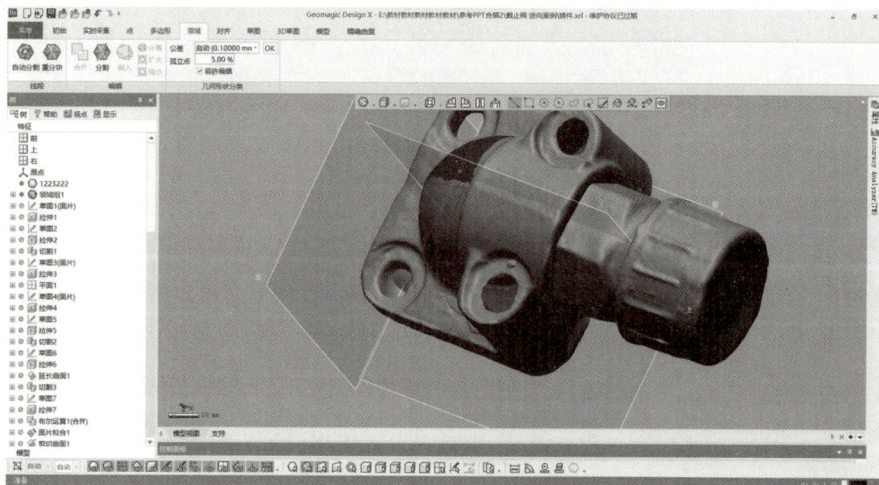

图1-103　插入领域

2.底面法兰建模

单击菜单栏中"草图"→"面片草图",如图1-104所示,在弹出的对话框中单击"平面投影"→"基准平面",如图1-105所示,鼠标左键选中"前基准平面","由基准面偏移的距离"设置为2 mm,单击对话框右上角 ☑ 进入面片草绘界面,如图1-106所示。

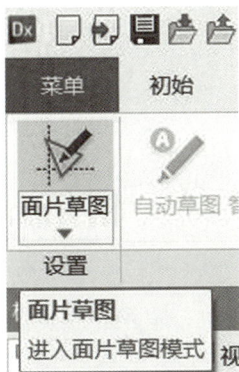

图1-104　面片草图

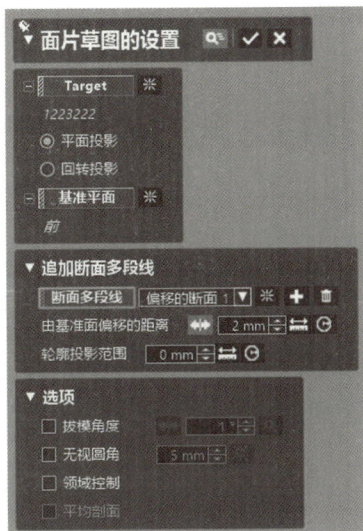

图1-105　面片草图设置

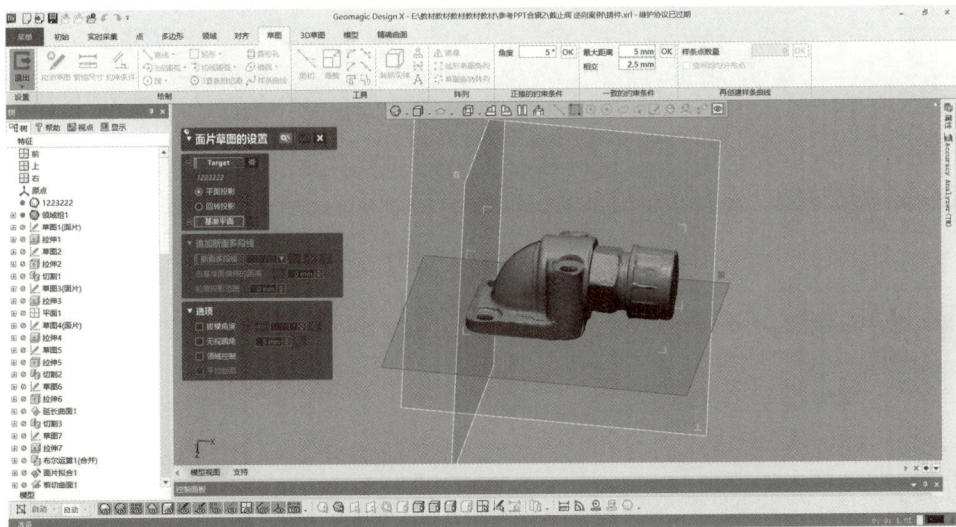

图1-106　面片草绘界面

进入面片草绘界面后,选择"草图"→"绘制"→"直线",如图1-107所示,在弹出对话框后拟合左侧直线,拟合完成后,在软件中直线会从粉色变成蓝色,如图1-108所示,然后利用直线命令,再将其他三条边线拟合完成,如图1-109所示。直线绘制完成后选择"草图"→"工具"→"圆角",如图1-110所示,弹出对话框后,点击"指定值",在"半径"中输入12 mm,如图1-111所示,再分别点击两个相邻直线,完成圆角绘制,如图1-112所示,点击"退出",结束草图绘制,如图1-113所示。

创建实体模型选择"模型"→"创建实体"→"拉伸",如图1-114所示,在弹出的对话框中选择"轮廓",鼠标左键选中刚刚绘制的草图,在"方向"→"长度"中输入10 mm,注意,若拉伸方向与面片模型方向相反,可点击 ⬌ 反转方向按钮,单击 ✓ OK按钮,如图1-115所示,完成拉伸命令。

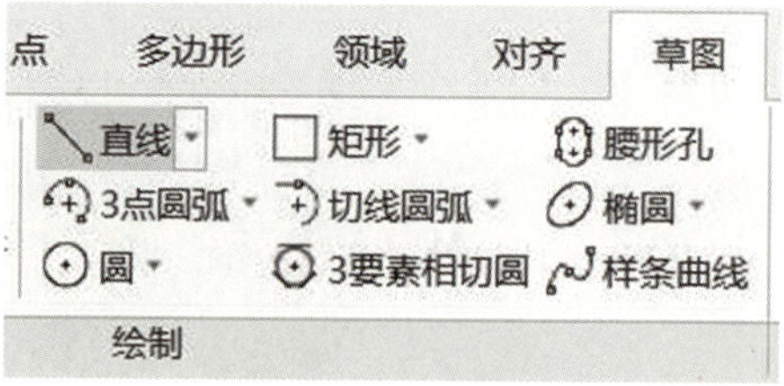

图 1-107　直线命令

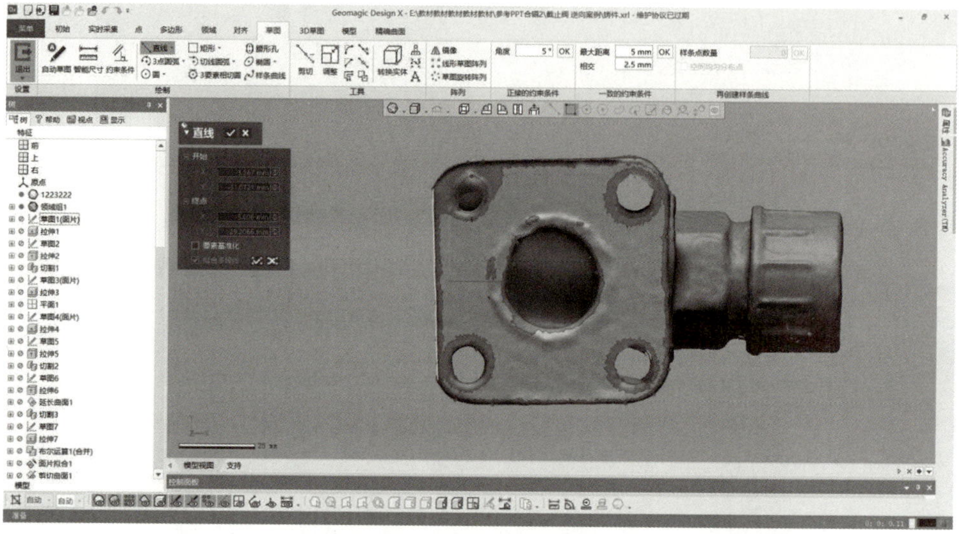

图 1-108　直线选择

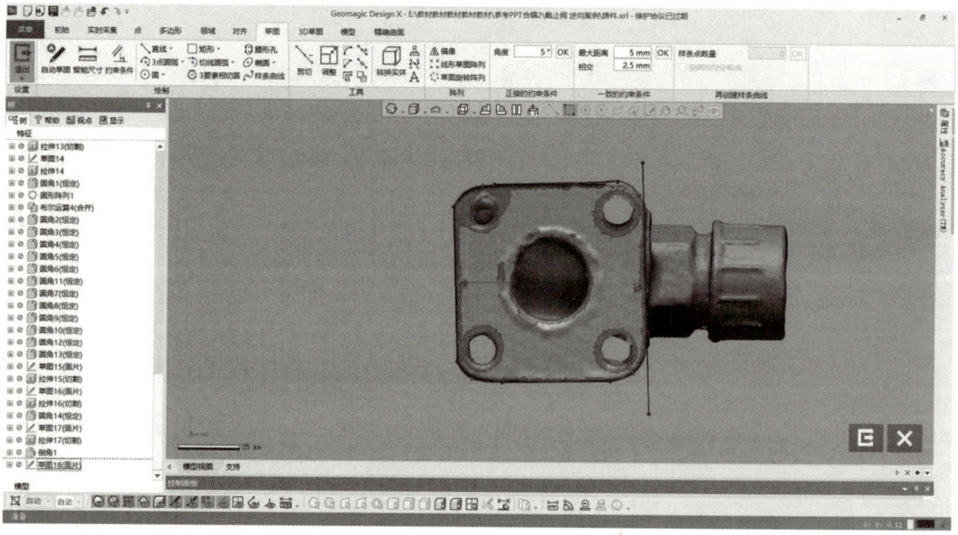

图 1-109　直线拟合

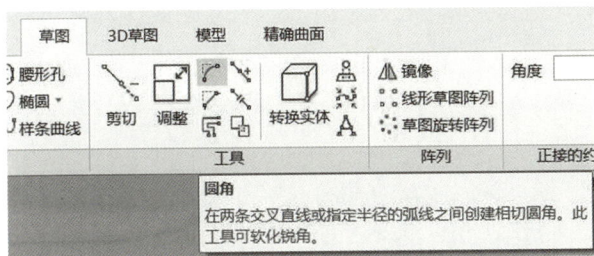

图 1-110　圆角命令

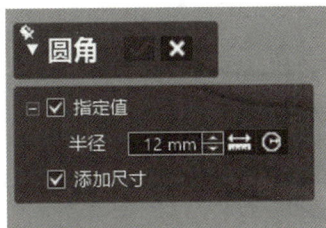

图 1-111　圆角命令设置

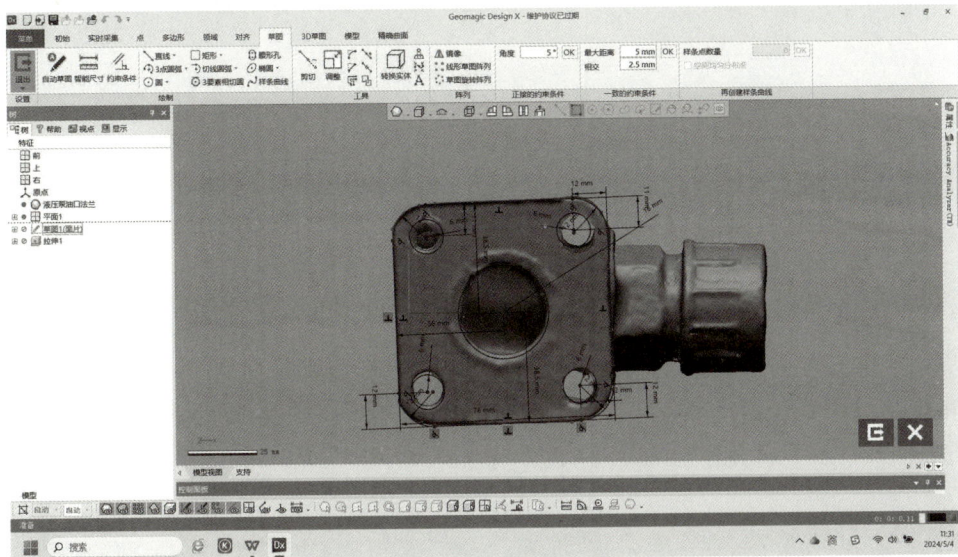

图 1-112　绘制圆角

图 1-113　退出草图

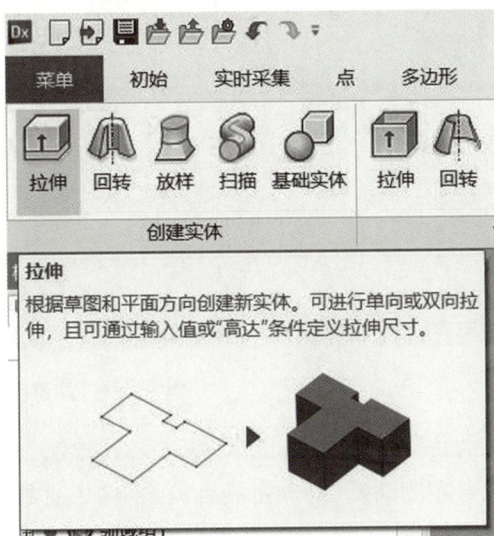

图 1-114　拉伸命令

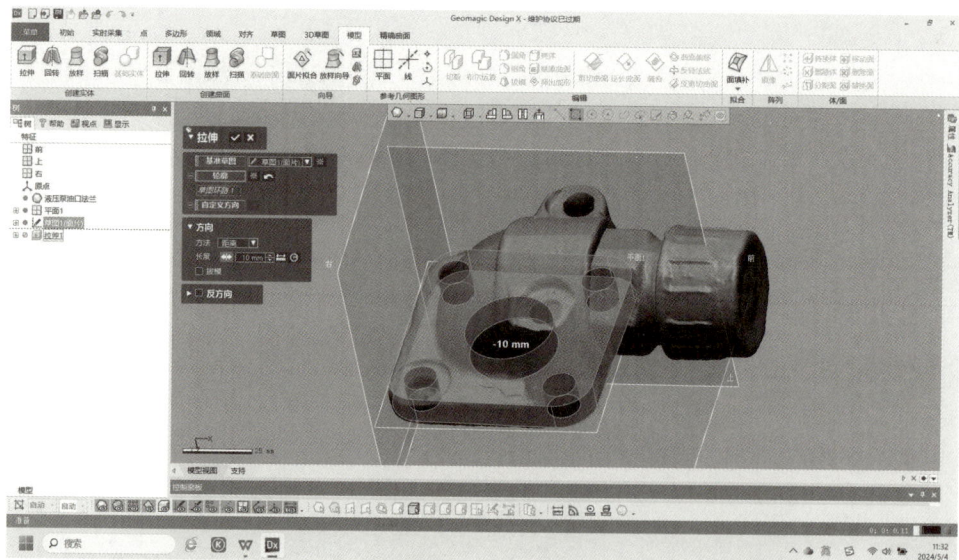

图1-115 拉伸设置

3. 弯头建模

单击菜单栏中"草图"→"面片草图"，在弹出的对话框中单击"平面投影"→"基准平面"，鼠标左键选中"上基准平面"，"由基准面偏移的距离"设置为0 mm，单击对话框右上角 ✔ 进入面片草绘界面，如图1-116所示。

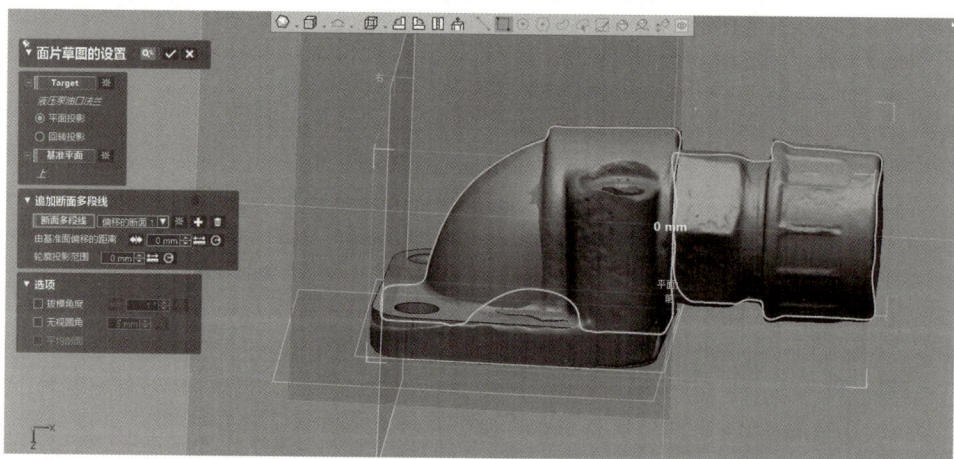

图1-116 面片草绘界面

进入面片草绘界面后，选择"草图"→"绘制"→"3点圆弧"，如图1-117所示，在弹出对话框后拟合左侧圆弧，拟合完成后，在软件中直线会从粉色变成蓝色。然后利用偏移命令 ⤵，对拟合出的圆弧进行偏移，选择"草图"→"工具"→"偏移"，如图1-118所示，弹出对话框后，点击"方向2"，在"距离"中输入25 mm，点击"退出"，结束草图绘制，如图1-119所示。

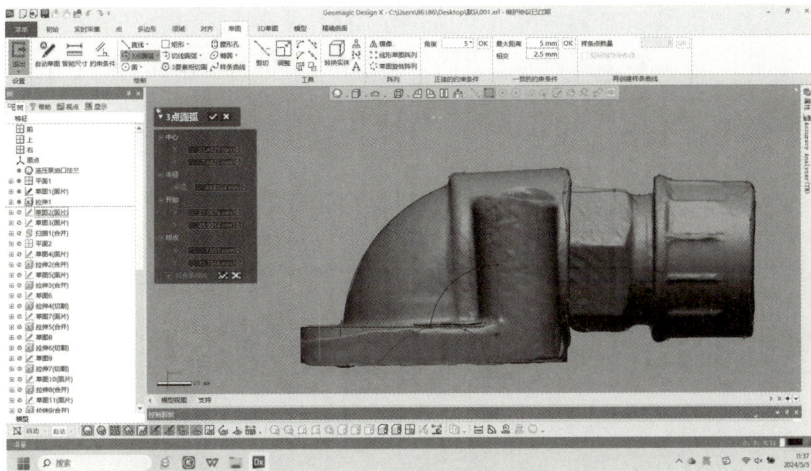

图 1-117　轨迹线绘制

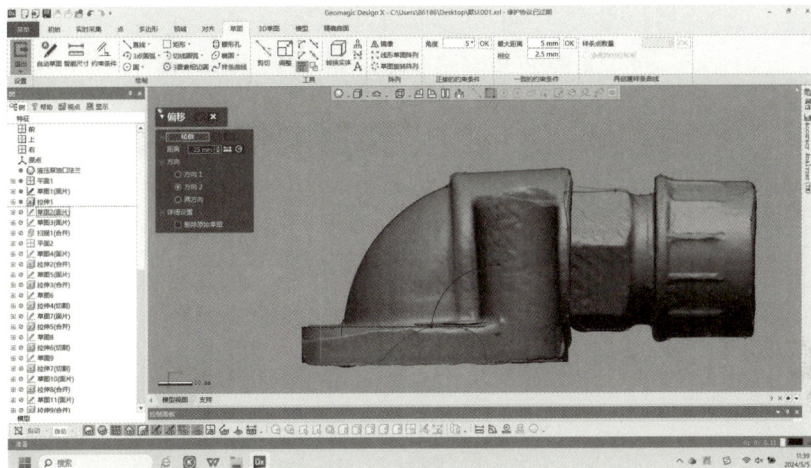

图 1-118　草图偏移

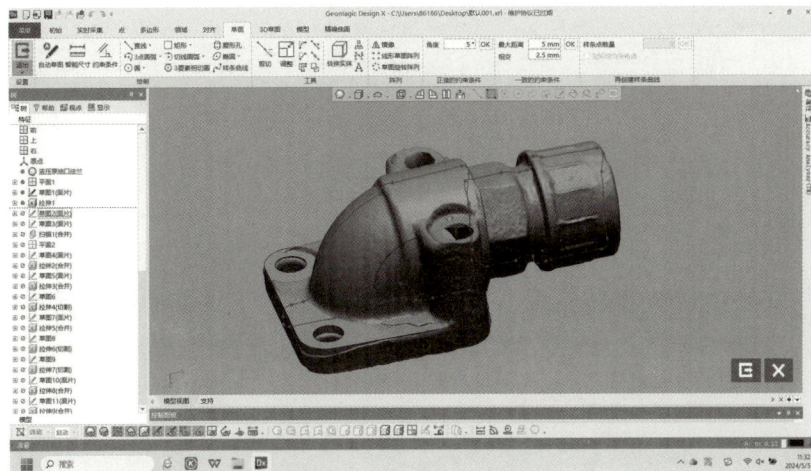

图 1-119　完成轨迹线绘制

单击菜单栏中"草图"→"面片草图",在弹出的对话框中单击"平面投影"→"基准平面",鼠标左键选中"底座实体模型的上表面","由基准面偏移的距离"设置为 0 mm,单击对话框右上角 ✓ 进入面片草绘界面,在草图中拟合并绘制弯头的内、外表面轮廓,如图 1-120 所示。

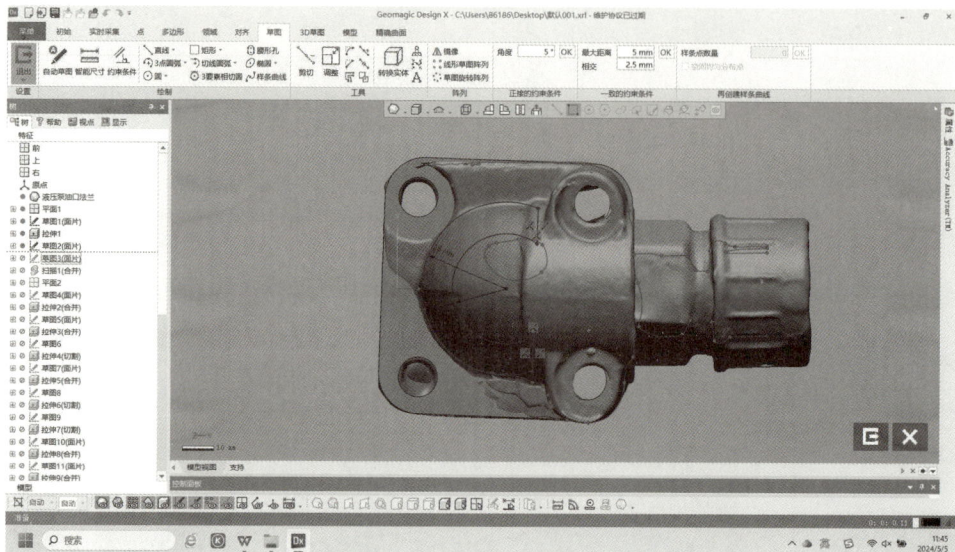

图 1-120　轮廓草图绘制

单击菜单栏中的"模型"→"创建实体"→"扫描",在"轮廓"选项中选择绘制好的管壁内、外轮廓,在"轨迹"选项中选择绘制好的轨迹草图,结果运算中选择"合并",如图 1-121 所示。

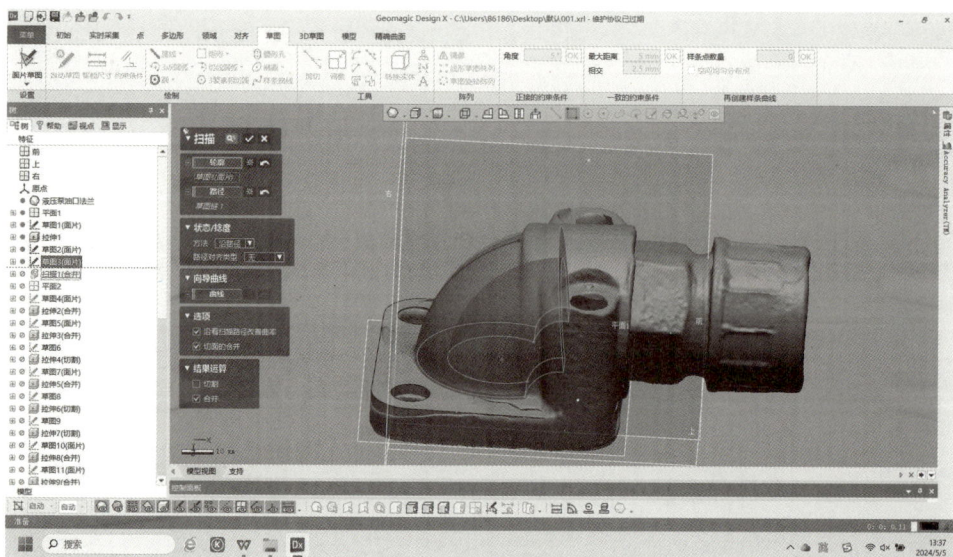

图 1-121　扫描命令

4. 拱形接头绘制

单击菜单栏中"草图"→"面片草图",在弹出的对话框中单击"平面投影"→"基准平面",鼠标左键选中"底座实体模型的前平面","由基准面偏移的距离"设置为 0 mm,单击对话框右上角 ✓ 进入面片草绘界面,通过面片草图绘制拱形轮廓和内孔,如图 1-122 所示。

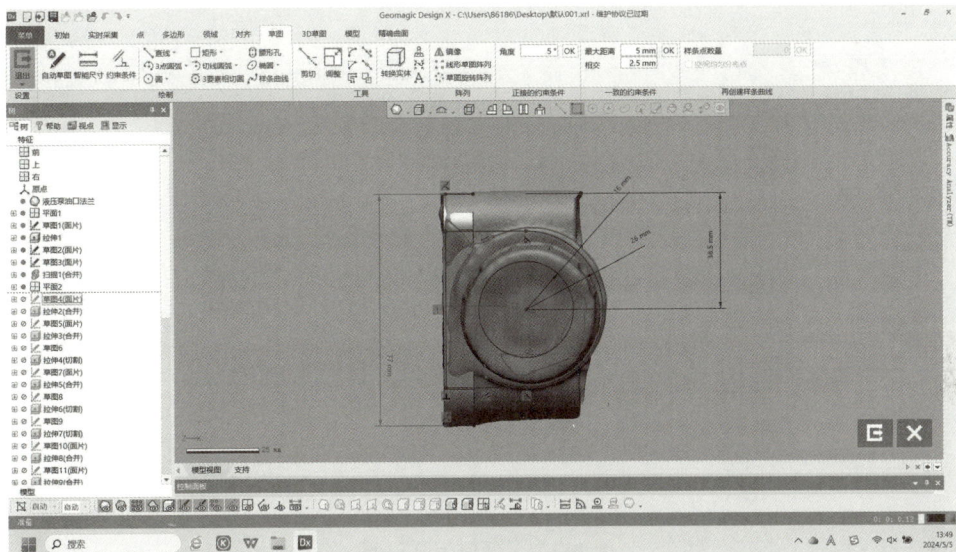

图 1-122　绘制拱形草图

绘制草图结束后点击菜单栏中的"模型"→"创建实体"→"拉伸"命令,轮廓选择上一步绘制好的草图,"长度"输入"-35 mm",结果运算选择"合并",单击对话框右上角 ✓,完成拱形轮廓的拉伸,如图 1-123 所示。

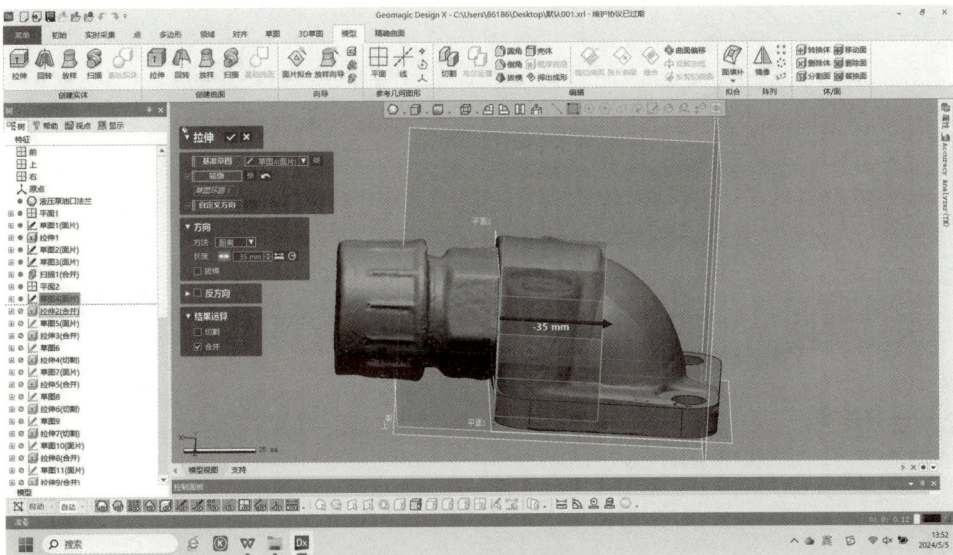

图 1-123　拱形体拉伸

5. 弯头两侧深孔建模

建立弯头两侧长孔,需要选中底座实体模型的上表面,点击菜单栏中的"草图"→"面片草图",绘制半圆形外轮廓,绘制完成后,结束草图,如图 1-124 所示。

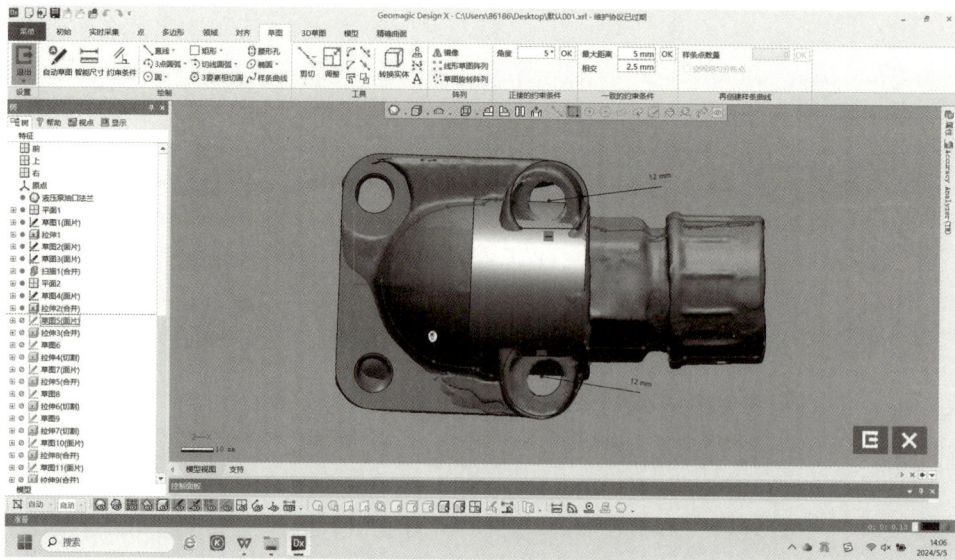

图 1-124　两侧深孔草图

点击菜单栏中的"模型"→"创建实体"→"拉伸","长度"输入"36 mm",结果运算选择"合并",完成两侧轮廓建模,如图 1-125 所示。

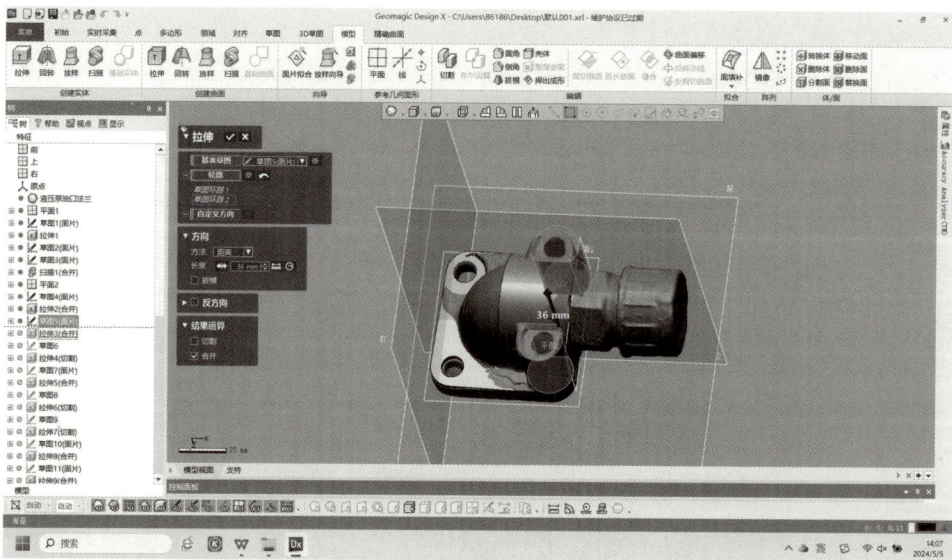

图 1-125　拉伸两侧轮廓

点击菜单栏中的"草图"→"面片草图",绘制半径为 6 mm 的圆孔,如图 1-126 所示。点击菜单栏中的"模型"→"创建实体"→"拉伸","长度"大于 36 mm 即可,结果运算选择

"切割",如图 1-127 所示。

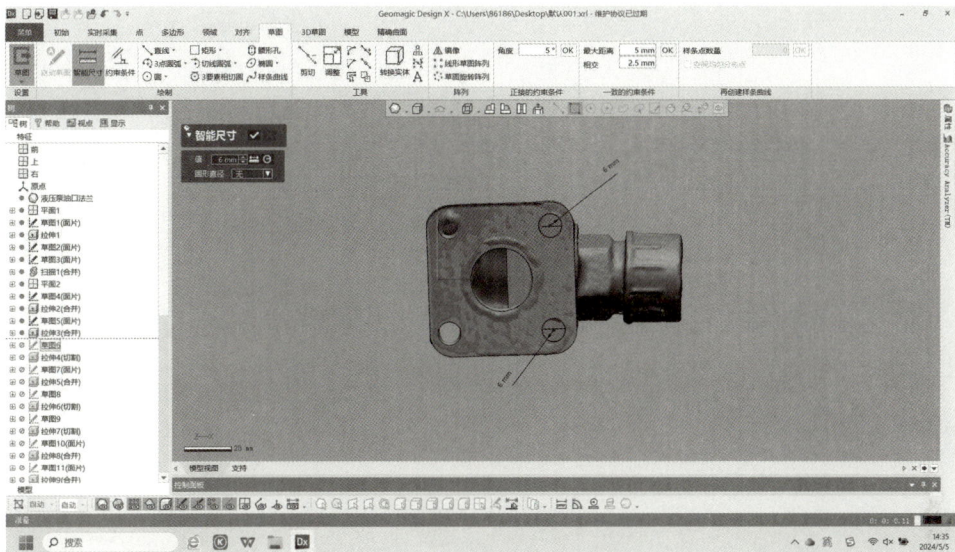

图 1-126　深孔草图

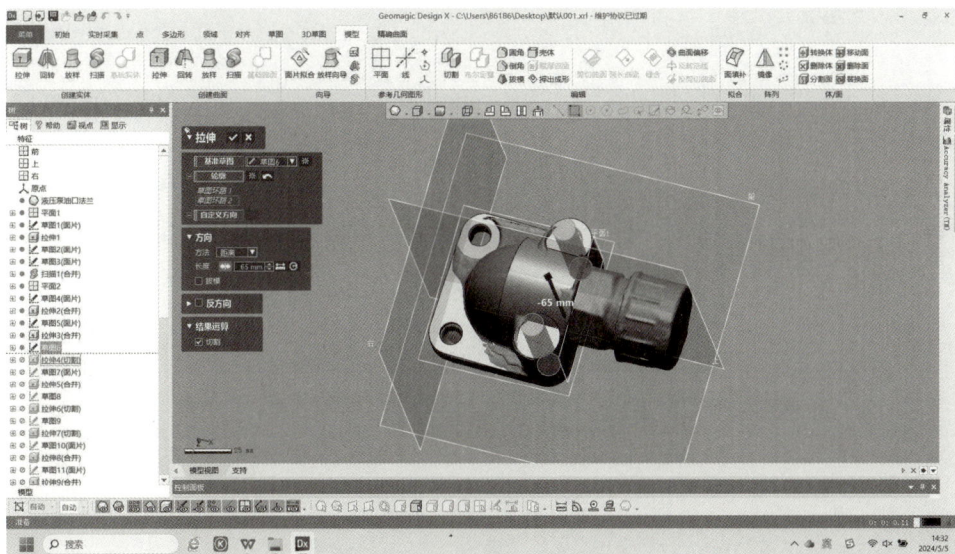

图 1-127　深孔切割建模

6.六角螺母绘制

在绘制好的拱形轮廓体的前表面上,点击菜单栏中的"草图"→"面片草图",截取六角螺母的中间位置,绘制六边形,如图 1-128 所示,并用草图约束命令进行六边形等长约束,单击任意一条直线,按住"Ctrl"键,用鼠标左键双击另外一条直线,弹出如图 1-129 所示对话框,选择"等长"约束。

图 1-128　草图绘制

图 1-129　草图约束

点击菜单栏"模型"→"创建实体模型"→"拉伸","长度"输入"18 mm",结果运算选择"合并",如图 1-130 所示。绘制内径为 $R16$ mm 的内孔,并利用拉伸特征进行"切割",如图 1-131 所示。

7. 端盖建模

点击菜单栏中的"草图"→"面片草图",基准面选取六角螺母前端面,截取端盖颈部外轮廓,绘制端盖颈部草图,点击菜单栏"模型"→"创建实体模型"→"拉伸","长度"输入"6 mm",结果运算选择"合并",如图 1-132 所示。

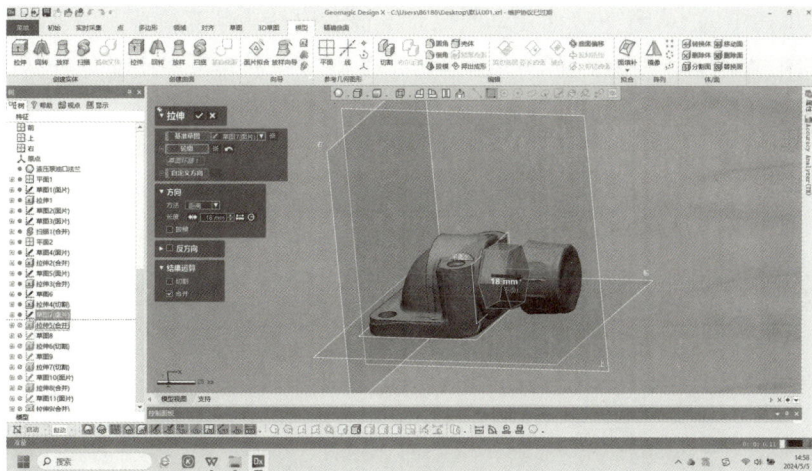

图 1-130　拉伸六角螺母

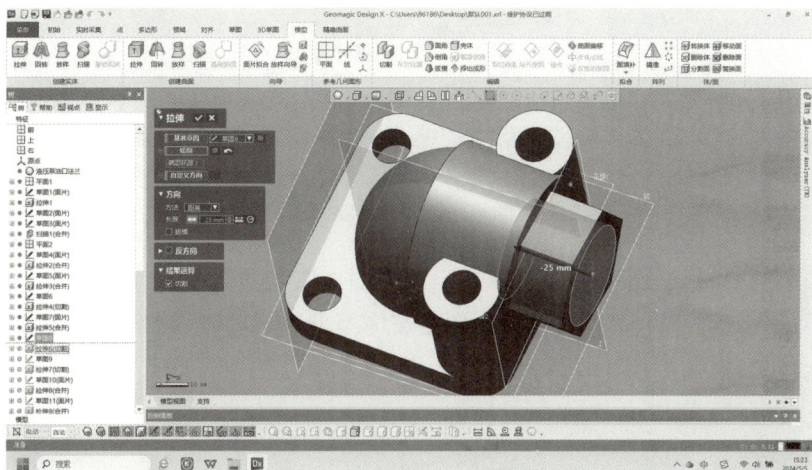

图 1-131　拉伸六角螺母内孔

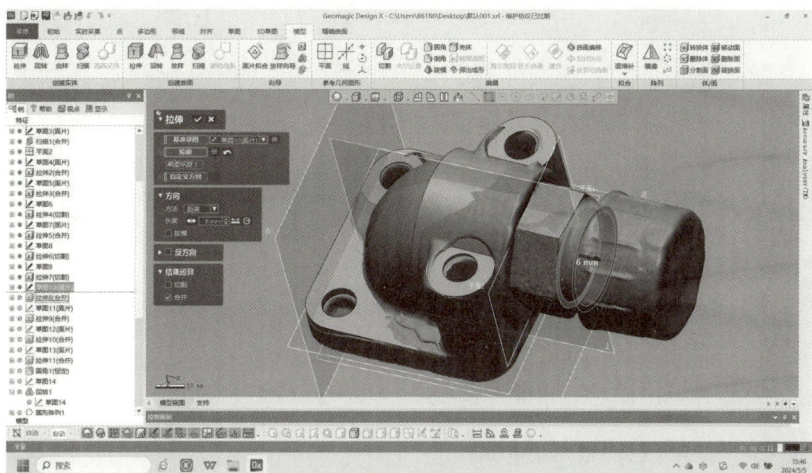

图 1-132　端盖颈部建模

点击菜单栏中的"草图"→"面片草图",基准面选取端盖颈部前端面,截取端盖外轮廓,绘制端盖草图,点击菜单栏"模型"→"创建实体模型"→"拉伸","长度"输入"30 mm",结果运算选择"合并",如图1-133所示。

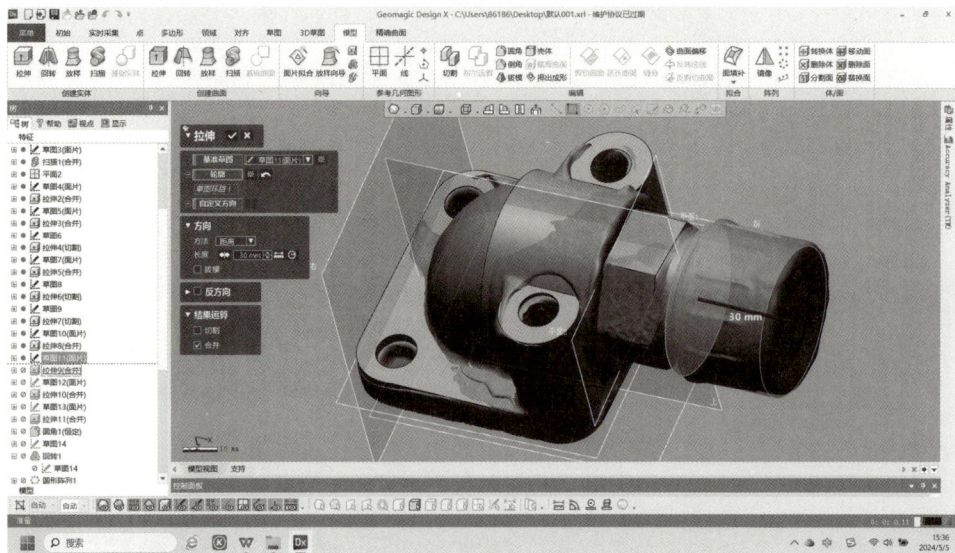

图1-133　端盖建模

点击菜单栏中的"草图"→"面片草图",基准面选取端盖后端面,截取端盖外环轮廓,绘制端盖外环草图,点击菜单栏"模型"→"创建实体模型"→"拉伸","长度"输入"-4 mm",结果运算选择"合并",如图1-134所示。

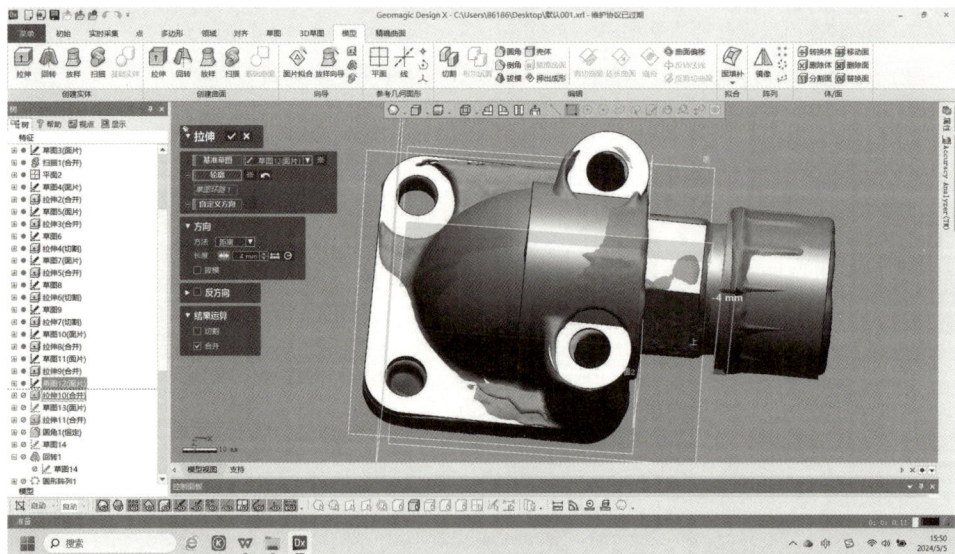

图1-134　端盖外环

8.端盖外花纹建模

端盖外花纹利用端盖外环前端面作为建模基准面,点击菜单栏中的"草图"→"面片草图",点选端盖外环前端面,利用"3点圆弧"命令拟合花纹外轮廓圆弧,如图1-135所示,并利用"草图旋转阵列"命令进行阵列,要素数输入"12",如图1-136所示,点击菜单栏"模型"→"创建实体模型"→"拉伸","长度"输入"16 mm",结果运算选择"合并",如图1-137所示。

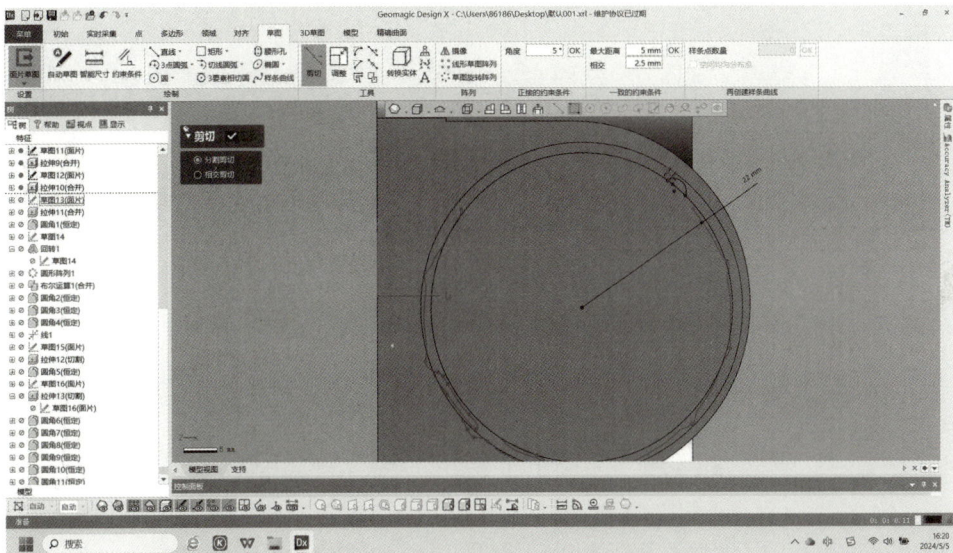

图1-135　花纹外轮廓绘制

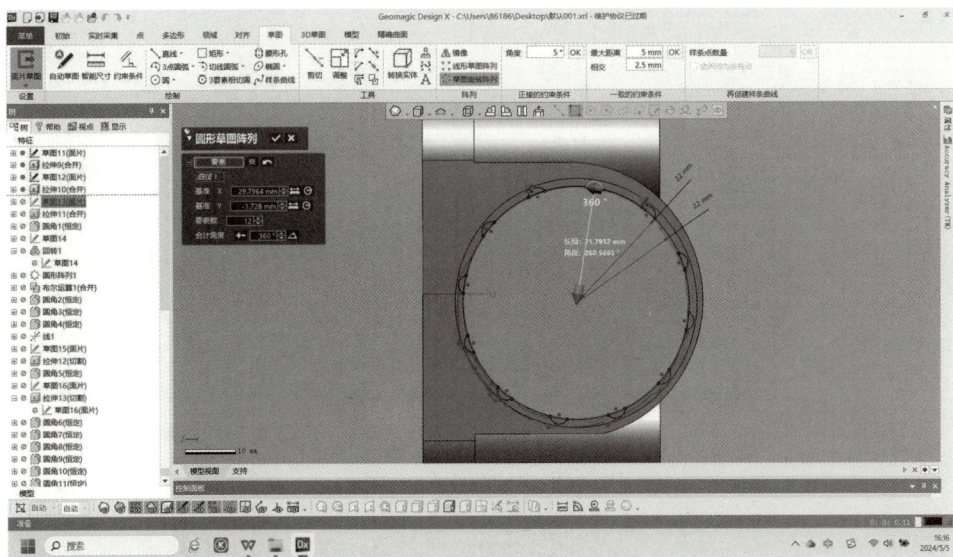

图1-136　花纹阵列

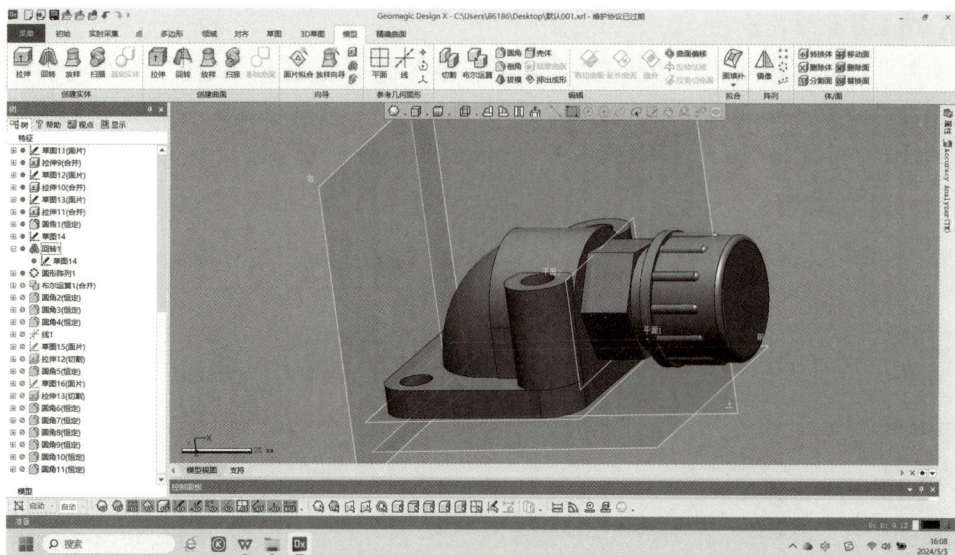

图1-137 花纹建模

9.沉孔建模

点击菜单栏中的"草图"→"面片草图",选择孔上表面作为基准面,绘制沉孔,如图1-138所示,点击菜单栏"模型"→"创建实体模型"→"拉伸","长度"输入"-4 mm",结果运算选择"切割",如图1-139所示。再利用此方法在底座上建立沉孔,如图1-140所示。

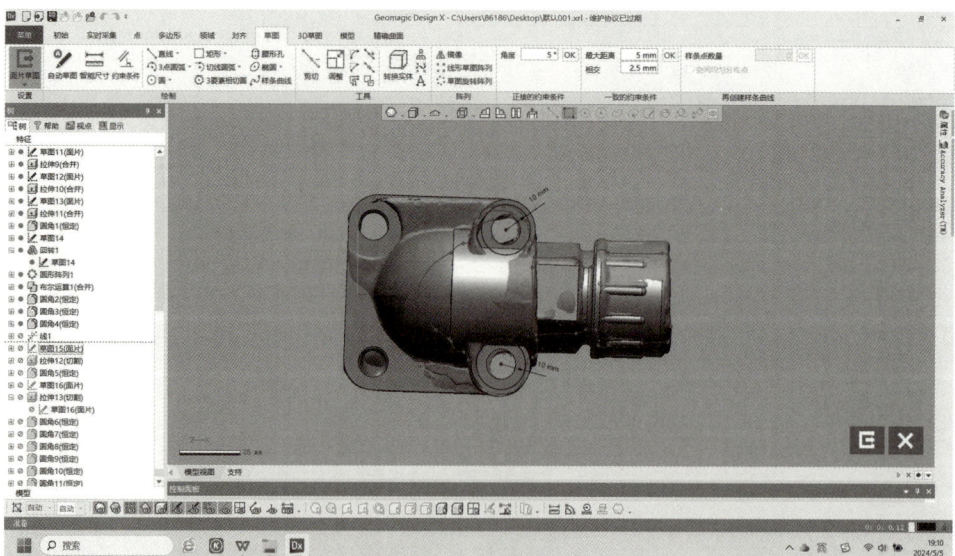

图1-138 沉孔草图

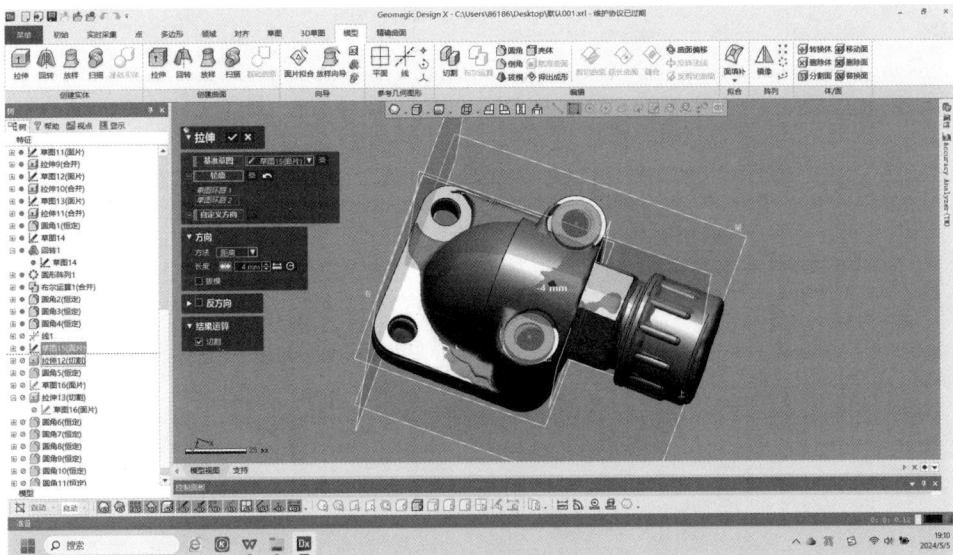

图 1-139　拉伸切除

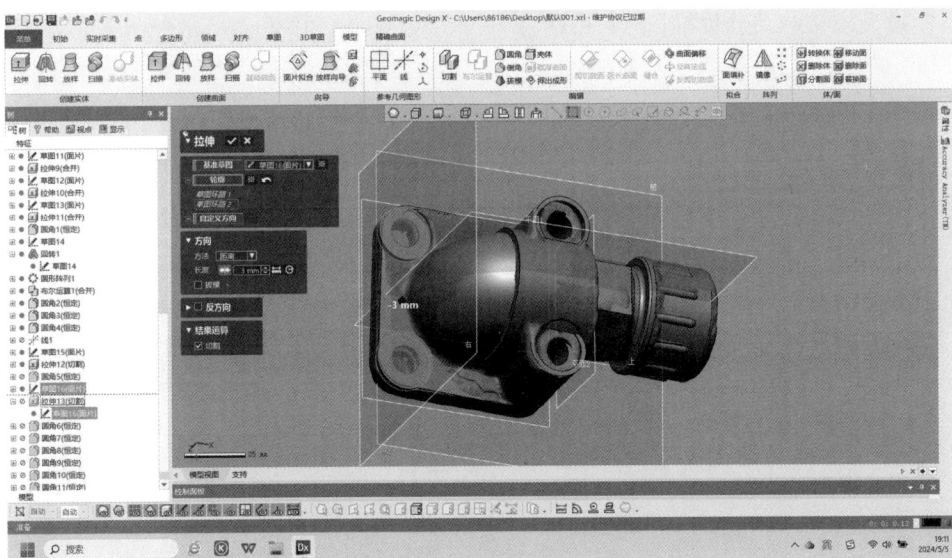

图 1-140　底座沉孔建模

10. 倒圆角

点击菜单栏"模型"→"编辑"→"圆角"命令,根据各处圆角半径不同,分别进行 $R0.5$ mm、$R1$ mm、$R2$ mm 的圆角建模,如图 1-141 所示。

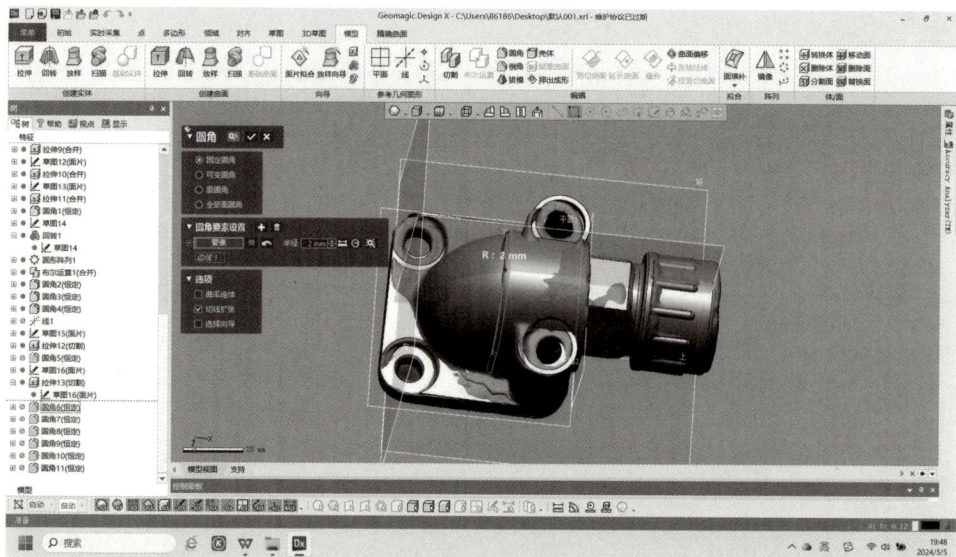

图 1-141　倒圆角

11. 模型质量与评分标准(表 1-10)

表 1-10　模型质量与评分标准

序号	评分内容	配分	评分标准
1	摆放位置	10	摆放合理
2	约束条件	40	是否正确施加几何约束
3	尺寸精确	20	按照尺寸信息构建模型
4	命令使用	30	命令合理使用

【液压泵油口法兰逆向建模工作单】

计划单

学习情境1	液压泵油口法兰逆向设计	任务3	液压泵油口法兰逆向建模
工作方式	组内讨论、团结协作共同制定计划,小组成员进行工作讨论,确定工作步骤	计划学时	0.5学时
完成人	1.　　2.　　3.　　4.　　5.　　6.		

计划依据:1.　　　　　　　;2.

序号	计划步骤	具体工作内容描述
1	准备工作(准备模型、软件调试、机器,谁去做?)	
2	组织分工(成立组织,人员具体都完成什么工作?)	
3	制定方案(确定是否创新设计→模型重构流程→模型逆向→数据导出,各阶段重点是什么?)	
4	制作过程(模型逆向前准备,逆向重构过程注意要点,零件对比分析检测)	
5	整理资料(谁负责? 整理什么内容?)	
制定计划说明	(对各人员完成任务提出可借鉴的建议或对计划中的某一方面做出解释)	

决策单

学习情境1	液压泵油口法兰逆向设计	任务3	液压泵油口法兰逆向建模
决策学时			0.5学时

决策目的:液压泵油口法兰逆向建模各环节流程方案对比分析,比较模型逆向质量、重构操作时间、加工成本等

工艺方案对比	成员	方案的可行性(数据质量)	参数的合理性(采集时间)	加工的经济性(测量成本)	综合评价
	1				
	2				
	3				
	4				
	5				
	6				

决策评价	结果:(将自己的加工方案与组内成员的加工方案进行对比分析,对自己的工艺方案进行修改并说明修改原因,最后确定一个最佳方案)

检查单

学习情境1	液压泵油口法兰逆向设计	任务3	液压泵油口法兰逆向建模
评价学时		课内0.5学时	第　组
检查目的及方式	在加工过程中,教师对小组的工作情况进行监督、检查,如检查等级为不合格,则小组需要整改,并拿出整改说明		

序号	检查项目	检查标准	检查结果分级 (在检查相应的分级框内划"√")				
			优秀	良好	中等	合格	不合格
1	准备工作	资源是否已查到,材料是否准备完整					
2	分工情况	安排是否合理、全面,分工是否明确					
3	工作态度	小组工作是否积极主动,是否为全员参与					
4	纪律出勤	是否按时完成负责的工作内容、遵守工作纪律					
5	团队合作	是否相互协作、互相帮助,成员是否听从指挥					
6	创新意识	任务完成是否不照搬照抄,看问题是否具有独到见解与创新思维					
7	完成效率	工作单是否记录完整,是否按照计划完成任务					
8	完成质量	工作单填写是否准确,流程环节、参数设置、成型件质量是否达标					

检查评语		教师签字:

【任务评价】

小组工作评价单

学习情境 1	液压泵油口法兰逆向设计		任务 3		液压泵油口法兰逆向建模	
评价学时				课内 0.5 学时		
班级				第　组		
考核情境	考核内容及要求	分值（100）	小组自评（10%）	小组互评（20%）	教师评价（70%）	实际得分
汇报展示（20分）	演讲资源利用	5				
	演讲表达和非语言技巧应用	5				
	团队成员补充配合程度	5				
	时间与完整性	5				
质量评价（40分）	工作完整性	10				
	工作质量	5				
	报告完整性	25				
团队意识（25分）	核心价值观	5				
	创新性	5				
	参与率	5				
	合作性	5				
	劳动态度	5				
安全文明生产（10分）	工作过程中的安全保障情况	5				
	工具正确使用和保养、放置规范	5				
工作效率（5分）	能够在要求的时间内完成，每超时 5 分钟扣 1 分	5				

小组成员素质评价单

学习情境1	液压泵油口法兰逆向设计		任务3	液压泵油口法兰逆向建模				
班级		第 组	成员姓名					
评分说明	每个小组成员评价分为自评分和小组其他成员评分两部分,取平均值,作为该小组成员的任务评价个人分数。评分项目共计5个,依据评分标准给予合理量化打分。小组成员自评分后,要找小组其他成员以不记名方式评分							
评分项目	评分标准	自评分	成员1评分	成员2评分	成员3评分	成员4评分	成员5评分	
核心价值观(20分)	有无违背社会主义核心价值观的思想及行动							
工作态度(20分)	是否按时完成负责的工作内容、遵守纪律,是否积极主动参与小组工作,是否全过程参与,是否吃苦耐劳,是否具有工匠精神							
交流沟通(20分)	能否良好地表达自己的观点,能否倾听他人的观点							
团队合作(20分)	是否与小组成员合作完成任务,做到相互协作、互相帮助、听从指挥							
创新意识(20分)	看问题能否独立思考、提出独到见解,能否利用创新思维解决遇到的问题							
小组成员最终得分								

【课后反思】

学习情境1	液压泵油口法兰逆向设计		任务3	液压泵油口法兰逆向建模
班级		第　组	成员姓名	
情感反思	通过对本次任务的学习和实训，你认为自己在社会主义核心价值观、职业素养、学习和工作态度等方面有哪些需要提高的部分？			
知识反思	通过对本次任务的学习，你掌握了哪些知识点？请画出思维导图。			
技能反思	在完成本次任务的学习和实训过程中，你主要掌握了哪些技能？			
方法反思	在完成本次任务的学习和实训过程中，你主要掌握了哪些分析和解决问题的方法？			

【课后作业】

一、选择题

以下软件中,用于逆向建模的是　　　　　　　　　　　　　　　（　　）

A. Geomagic Wrap

B. Geomagic Design X

C. Up studio

D. Cura

二、简答题

1. 面片导入 Geomagic Design X 常用的文件格式是什么?

2. Geomagic Design X 中回转模型使用哪个按键?

3. GeomagicDesign X 中拉伸命令有几种? 分别是什么?

4. Geomagic Design X 中草图有几种? 分别是什么?

三、操作题

扫描下方二维码,获得模型数据,根据模型特征完成模型重构练习,保存并导出为 igs/stp 等实体文件格式。

案例 1

案例 2

案例 3

学习情境 2　叶轮模型的 3D 打印

【学习指南】

【情境导入】

　　离心风机叶轮是离心风机的重要组成部分,通过高速电机带动叶轮旋转,实现气体加速加压。叶轮作为离心风机的关键部位,其良好的设计、可靠的质量和优越的性能,保证了机组的正常运行,也决定了风机的性能和效率。叶轮的设计和制造是风机的核心技术,不仅要求叶片具有高效和专用翼型,又需通过复合工艺与材料保证其质量轻、结构强度高、抗疲劳等方面的要求。3D 打印技术,国内也称作"增材制造",区别于传统的"去除型"减材制造,具有生产周期短、制造材料丰富、可制造复杂形状模型等特点,在工业上得到了广泛应用。

【学习目标】

知识目标:

1. 正确描述 3D 打印技术的原理、特点和基本流程;
2. 理解并掌握产品创新设计的要点和技巧;
3. 掌握应用 Cura 软件对模型切片的流程;
4. 准确陈述 3D 打印机操作界面中的基础命令和使用方法;
5. 合理选择成型件后处理方法。

能力目标:

1. 能够使用 Cura 软件对模型合理设置切片;
2. 能正确设置打印工艺参数、打印机的打印参数;
3. 熟练操作打印机制作模型;
4. 根据模型要求,选择合适的方法,完成制作件的后处理。

素质目标:

1. 具有攻克新技术和新工艺的探索和钻研精神;
2. 养成对科技创新的自豪感和荣誉感;
3. 具备认真敬业、规范操作、耐心细致的职业素养。

【工作任务】

任务 1　叶轮数据处理　　　　　　参考学时:课内 4 学时(课外 8 学时)

任务 2　叶轮打印成型　　　　　　参考学时:课内 4 学时(课外 8 学时)

任务1　叶轮数据处理

【任务工单】

学习情境2	叶轮模型的3D打印	任务1	叶轮数据处理
任务学时		4学时(课外8学时)	
布置任务			
任务目标	1.能正确进行模型数据文件的转换； 2.会根据模型特点选择并设置合理的成型方向； 3.能正确设置打印切片工艺参数； 4.使用Cura软件对模型切片,生成Gcode代码		
任务描述	优化设计好的叶轮模型3D打印之前,需要对三维模型进行数据处理。使用Cura软件,将设计好的模型文件转化成打印通用的STL格式,并对转化过程中产生的错误进行检测、数据修复、转换、切片分层(图2-1)以及为模型添加必要支撑(便于堆叠)等操作,生成打印设备可识别执行的数字文件 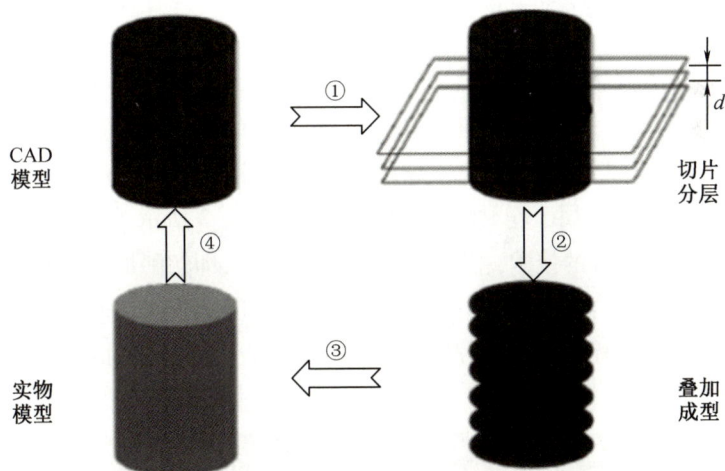 图2-1　数据切片示意图		

学时安排	资讯 1学时	计划 0.5学时	决策 0.5学时	实施 1学时	检查 0.5学时	评价 0.5学时

提供资源	1.叶轮实体模型； 2.计算机、Cura软件； 3.课程标准、多媒体课件、教学演示视频及其他共享数字资源

表(续)

对学生学习及成果的要求	1. 根据模型特点,使用 Cura 软件完成切片工艺; 2. 正确进行模型数据文件的转换; 3. 能根据模型特点选择并设置合理的成型方向; 4. 能按照学习导图自主学习,并完成课前自学的问题训练和作业单; 5. 严格遵守课堂纪律,学习态度认真、端正,能够正确评价自己和同学在本任务中的素质表现; 6. 必须积极参与小组工作,承担模型设计、参数设置、设备调试、加工打印等工作,做到积极主动不推诿,能够与小组成员合作完成工作任务; 7. 需独立或在小组同学的帮助下完成任务工作单并提请检查、签认,对提出的建议或错误务必及时修改; 8. 每组必须完成任务工作单,并提请教师进行小组评价,小组成员分享小组评价分数或等级; 9. 完成任务反思,以小组为单位提交

【课前自学】

知识点1 3D 打印技术概述

传统制造方式属于减材制造或等材制造技术范畴,如图 2-2 所示,减材制造是指对毛坯进行加工,去除多余的材料,毛坯由大变小,最终形成所需要形状的零件。典型的减材制造技术如车削加工、钻削加工、磨削加工等金属切削加工技术,适合大批量、规格化生产,成本随量而变;而 3D 打印技术属于增材制造技术范畴,如图 2-3 所示,增材制造是采用材料逐渐累加的方法制造实体零件的技术,相对于传统的材料去除,即切削加工技术,增材制造是一种"自下而上"的制造方法。能实现"设计即生产",且适合于小量生产,且成本均一,适合定制化。3D 打印对原材料的损耗较小,还节省模具制造、锻压等工艺的时间成本和资金成本。

(a)铸造-等材制造   (b)车削-减材制造

图 2-2 传统制造方式

(a)3D 打印喷油器头　　　　　　　　　(b)3D 打印航空零部件

图 2-3　增材制造方式

3D 打印技术起源于 20 世纪 80 年代出现的快速成型技术(rapid prototyping),是将三维模型数据通过成型设备以材料堆积累加的方式制成实物模型。从使用上来看,快速成型技术设备与普通的平面打印机极为相似,都是由控制组件、机械组件、打印头、耗材和介质等组成,打印成型过程也很类似,所以才会被形象地称为 3D 打印技术。

3D 打印技术以计算机三维设计模型为基础,通过软件分层离散和数控成型系统,利用激光束、热熔喷嘴等方式,将粉末状金属、塑料、陶瓷粉末、细胞组织等特殊的可黏合材料,进行逐层堆积黏结,最终叠加成型,制造出实体产品。也可以理解为将液体或粉末等"打印材料"装入打印机,与电脑连接后,通过电脑控制把"打印材料"通过逐层叠加打印的方式来构造物体。

3D 打印技术是一种全新的制造方式,正推动生产方式的变革,优化传统加工制造方式,催生新的生产模式,被认为是最近 20 年来世界制造技术领域的一次重大突破。近年来,3D打印技术已经在人体器官、医药、汽车、太空、艺术、食品、建筑等各个领域展现其神奇魅力,逐渐融入设计、研发及制造的各个环节,扮演越来越重要的角色。

知识点 2　3D 打印技术的工作原理与工艺流程

3D 打印技术的工作原理和传统打印机的工作原理基本相同,也是用喷头一点点"磨"出来的。只不过 3D 打印它喷的不是墨水,而是树脂、塑性材料等。之后通过电脑控制利用熔融沉积制造(FDM)技术把打印材料层层叠加,最终把计算机上的设计图变成具体实物,具体流程可参照图 2-4。

以本情景案例为例,制作叶轮模型的工艺流程如下:

(1)准备叶轮的三维数据模型,这个模型可以通过正向建模设计出来,也可以通过逆向技术获得。

(2)将准备好的叶轮模型转换为 3D 打印系统可以识别的文件,导入数据,进行数据处理与分析。

(3)加载 3D 打印专用软件,将转换后的叶轮模型进行切片处理,得到适应 3D 打印系统的分层截面信息。

(4)3D 打印设备按照数据信息每次制作一层具有一定微小厚度和特定形状的截面,并逐层黏结,层层叠加,最终得到完整的叶轮模型实物。整个制造过程在计算机的控制之下,由 3D 打印系统自动完成。

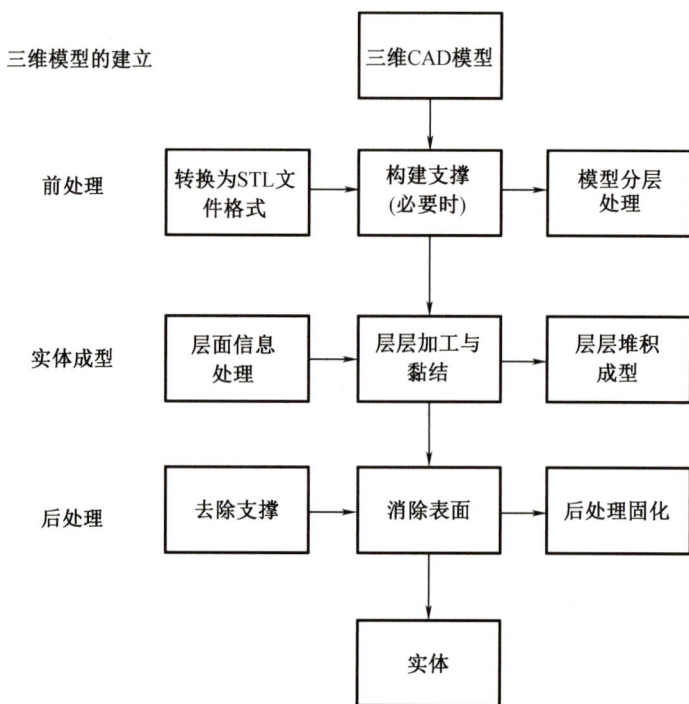

图 2-4 3D 打印流程图

1. 产品三维模型的构建

3D 打印系统由三维 CAD 模型直接驱动,因此先要构建如图 2-5 所示的三维 CAD 模型。该三维 CAD 模型可以利用计算机辅助设计软件(如 Pro/E,UG,Solidworks,I-DEAS 等)通过构造性立体几何表达法、边界表达法、参量表达法等方法直接构建,也可以将已有产品的二维图样进行转换而形成三维模型,或对产品实体进行激光扫描、CT 断层扫描,得到点云数据,然后利用逆向工程的方法来构造三维模型。

图 2-5 叶轮 3D 模型

2. 3D 打印的前处理

(1)三维模型的近似处理

产品往往有一些不规则的自由曲面,加工前要对模型进行近似处理,以方便后续的数据处理工作。3D 数字模型的生成方式多样,虽然主流软件的兼容性较强,但仍然通过 STL 文件作为主要的数据交换格式。STL 文件格式简单、实用,目前已经成为 3D 打印领域的准标准接口文件。它是用一系列的小三角形平面来逼近原来的模型,每个小三角形由 3 个顶点坐标和 1 个法向量来描述,三角形的大小可以根据精度要求进行选择,如图 2-6 所示。STL 文件有二进制码和 ASCII 码两种输出形式,二进制码输出形式的文件所占的空间比 ASCII 码输出形式的小得多,而 ASCII 码输出形式可以进行阅读和检查。典型的 CAD 软件都带有转换和输出 STL 文件的功能。

图 2-6　叶轮模型 STL 格式文件

(2)三维模型的分层处理

根据被加工模型的特征选择合适的加工方向,如图 2-7 所示,在成型高度方向上用一系列一定间隔的平面切割近似后的模型,以便提取截面的轮廓信息。间隔一般取 0.05~0.5 mm,常用 0.2 mm,目前最小分层厚度可达 0.016 mm。层厚越小,成型精度越高,但成型时间也越长,效率就越低,反之则成型精度降低,但效率提高。

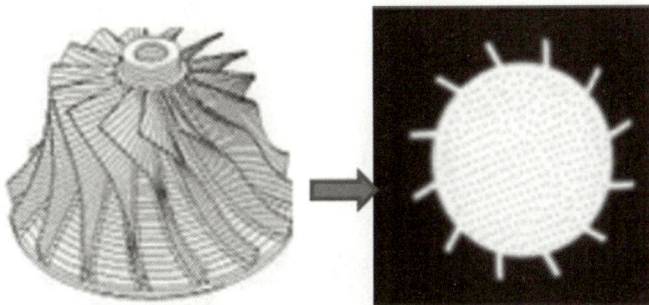

图 2-7　模型切片获得片层轮廓

3. 实体叠加成型

根据切片处理的截面轮廓,在计算机控制下,相应的成型头(激光头或喷头)按各截面轮廓信息做扫描运动,在工作台上一层一层地将材料堆积在一起,各层材料通过交联或黏结固化后,最终得到成型件,如图 2-8 所示。

图 2-8　3D 打印实体模型

知识点 3　常用切片软件介绍

根据 3D 打印技术的不同,如今较为流行的 3D 打印数据处理软件主要有:Magics、Cura、Simplify3D、Repetier Host 等。

(1)Magics

Magics 是比利时 Materialise 公司开发的、完全针对 3D 打印工序特征的软件,如图 2-9 所示,由于 STL 文件结构简单,没有几何拓扑结构的要求,缺少几何拓扑上要求的健壮性,同时也由于一些三维造型软件在三角形网格算法上的缺陷,以至于不能正确描述模型的表面。从 CAD 到 STL 转换时会有将近 70%的文件存在各种不同的错误。如果对这些问题不做处理,会影响到后面的分层处理和扫描处理等环节,产生严重的后果。所以,需要对 STL 文件进行检测和修复,然后再进行分层和打印。Magics 主要用于 SL 设备,可对加载的 STL 文件进行精确修复、添加支撑,加载机器平台后可直接生成设备所需的 3D 打印文件,具有功能强大、易用、高效等优点,是从事 3D 打印行业必不可少的软件。

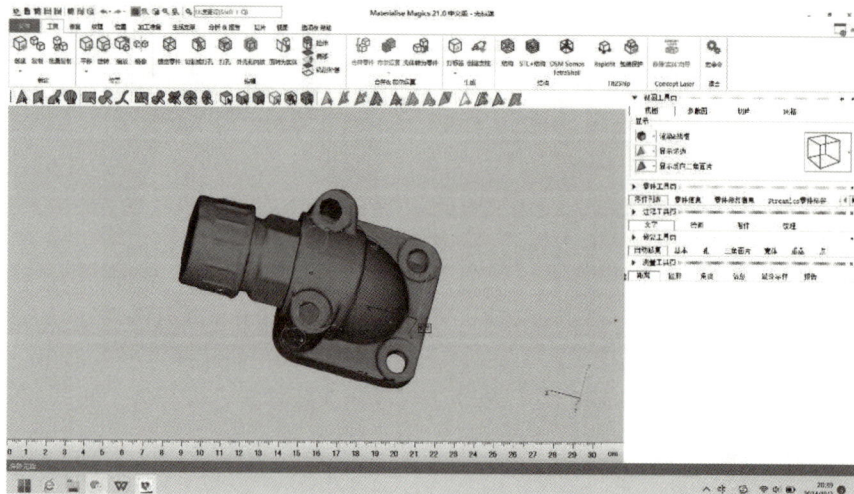

图 2-9　Magics 界面图

（2）Cura

Cura 是 Ultimaker 公司设计的 3D 打印软件,如图 2-10 所示,使用 Python 开发,由于其切片速度快,切片稳定,对 3D 模型结构包容性强,设置参数少等诸多优点,拥有越来越多的用户群。Cura 软件包含了所有 3D 打印需要的功能,有模型切片以及打印机控制两大部分,主要用于 FDM 设备,可进行机器平台加载下的模型的载入、查看、摆放、缩放、分层、切片等操作。Cura 是目前所有 3D 打印软件切片最快的上位机软件,而且软件的操作界面简单明了,对每个参数都提供了详尽的提示,使用方便。

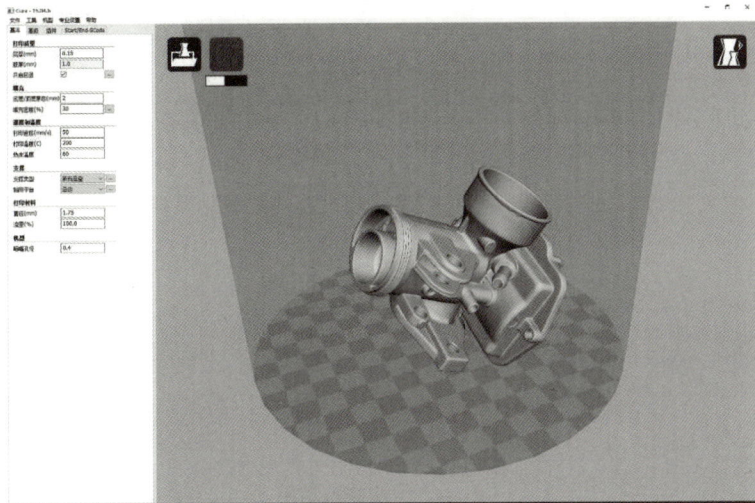

图 2-10　Cura 界面

（3）Simplify3D

Simplify3D 是目前最好用的桌面级 3D 打印机切片软件,该软件功能强大,瞬间切片,参数齐全,自由加支撑,能多模型多参数打印,包括打双色等,Simplify3D 作为一款 3D 切片打印软件,在这方面非常成熟,软件支持自由添加支撑,支持双色打印和多模型打印,切片速度极快,且兼容目前市面上几乎所有的 3D 打印机。Simplify3D 被公认为是最快的 3D 打印切片软件,v3.0 中新的最先进的算法实现了切片比以往版本快三倍的速度。这和其他的 3D 打印软件相比可以节省好几倍的打印时间。更快的切片速度不仅极大地促进了复杂模型及多实体零件的处理效率,同时也为设计迭代提供了更为迅速的实现途径。结合官方逼真的动画预览模式,允许用户制作更小的设置更改,并可立即查看它们是如何影响最终的打印的。它不仅能修复模型中出现的问题,还能进行切片等作业。同时,该软件支持市面上 90% 以上的桌面级 3D 打印机固件兼容。

（4）Repetier Host

Repetier Host 是 Repetier 公司开发的一款免费的 3D 打印综合软件,可以进行切片、查看修改 Gcode、手动控制 3D 打印机、更改某些固件参数以及其他的一些小功能。Repetier 公司并不提供切片引擎,而是在该软件中外部调用其他的切片软件进行切片,比如 CuraEngine、Slic3r 及 Skeinforge 等切片软件。该软件在同类软件(如 Printrun,Replicator-G) 中使用起来是比较方便的一款。

知识点 4　3D 打印常用术语解释

1. 切片

切片是指用软件(Cura,Simplify3D 等)把模型文件(.stl 和.obj 等)转换成 3D 打印机动作数据(Gcode),过程如图 2-11 所示,是指将一个实体分成厚度相等的很多层,分好的多层将是 3D 打印进行的路径。

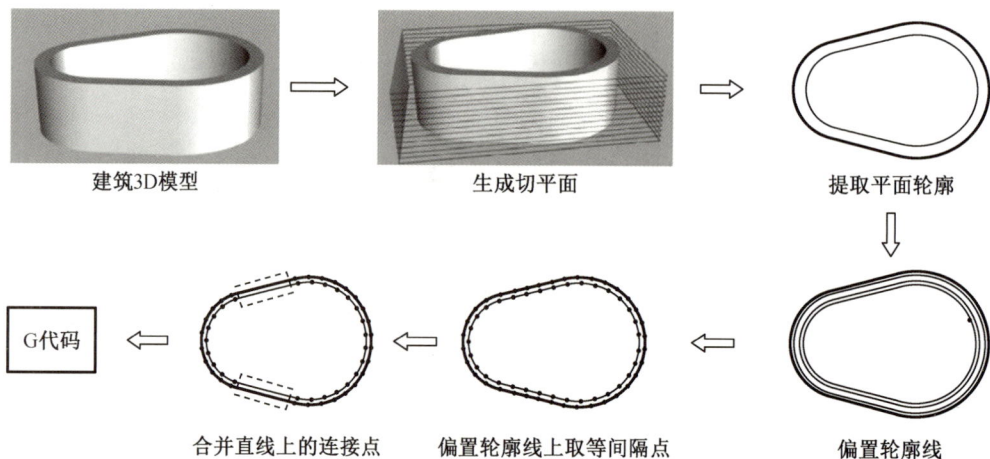

建筑3D模型　　　生成切平面　　　提取平面轮廓

G代码　　合并直线上的连接点　　偏置轮廓线上取等间隔点　　偏置轮廓线

图 2-11　切片示意图

2. 层高

3D 打印的层高是指逐层打印的模型每一层的高度,层高是决定打印质量的关键性因素,一般我们在设置层高的时候需要注意最大的层高不能超过打印机喷头直径的 80%,正常层高范围是 0.1~0.3 mm,绝大多数打印机层高都默认调整为 0.2 mm。通常我们说的 3D 打印分辨率也被称为层高,在 3D 打印的时候一定要根据模型选择合适的层高。

3. 填充

3D 打印最终制造出的结构可能看起来相同,但它们的内部结构会有所不同。3D 打印的内部结构也称为"填充",它可以根据所需密度进行调整,如图 2-12 所示,0%代表零件是空心的,100%代表零件是实心的。零件的空心度可以根据产品实际需求调整部分的填充方式。

4. 支撑

3D 打印机的工作原理是将一层层的热塑性塑料堆积在一起,形成一个 3D 物体。这种方式下,每一层新层必须由前一层托住。如果模型有悬空结构,下面没有东西可以托住,就需要额外添加支撑结构,以确保打印成功。如果没有支撑,那些悬空或是倾斜的模型将打印不出来。支撑可以帮助防止零件变形,将零件固定到打印床上,并确保零件连接到打印零件的主体。就像脚手架一样,在打印过程中使用支撑,然后将其移除。例如:字母 T 的伸出部分与垂直方向呈 90°,两侧出现悬空部分,因此必须添加支撑来打印字母 T,否则将打印的一团乱,如图2-13所示。

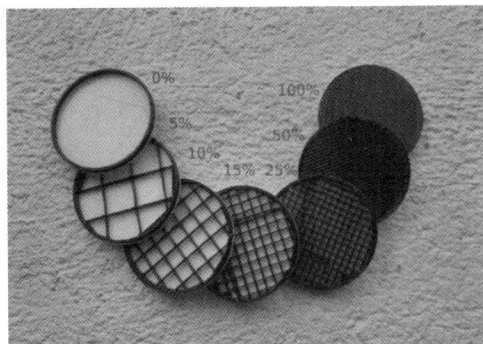

图2-12　不同填充密度的打印件

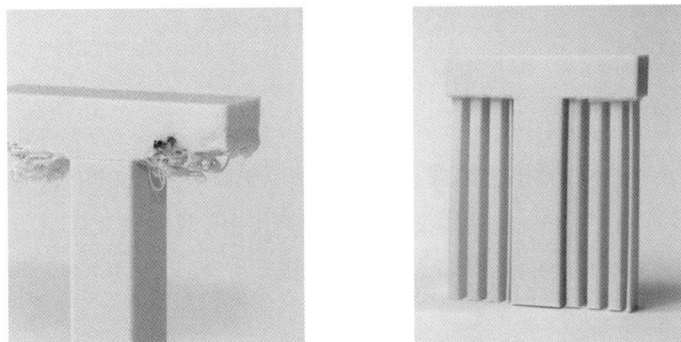

(a)未添加支撑　　　　　　　　　(b)添加支撑

图2-13　添加支撑前后对比图

　　并非所有的悬空都需要支撑。如果一个悬空倾斜的垂直角度小于45°,打印时,悬空部分不用支撑,如图2-14所示。

图2-14　添加支撑示意图

5. STL格式

　　STL文件标准是美国3D System公司于1988年制定的一个接口协议,它由33个CAD软件公司共同制定。这种文件格式类似于有限元的网格划分,它将物体表面划分成很多个小三角形,划分方法依赖于用户所要求的精度。该文件有二进制和文本格式两种形式。

　　目前所有的三维CAD造型软件及3D打印系统都支持STL文件,可以通过软件的数据交换功能输出STL文件。图2-15(a)所示为三维CAD模型,图2-15(b)所示为输出的STL

图形。

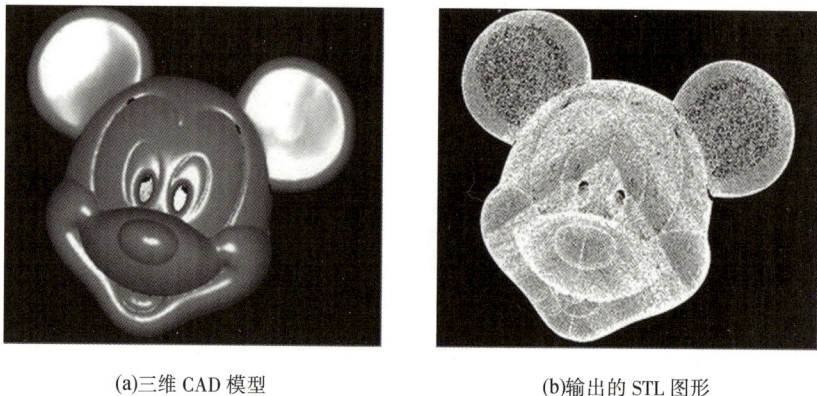

(a)三维 CAD 模型   (b)输出的 STL 图形

图 2-15 三维模型与 STL 格式

知识点 5 数据处理流程

3D 打印过程分前处理、分层叠加成型和后处理三个阶段,从数据的获取,至生成层面信息文件都属于前处理内容,主要包括模型的检验与修复、模型摆放及成型方向的确定、模型的切片分层等操作,前处理一般流程如图 2-16 所示。

图 2-16 数据处理流程图

知识点 6 Cura 软件

Cura 是 FDM 桌面打印机常用的切片软件之一,对 STL 数字模型进行分层切片,得到每层的截面轮廓信息,根据用户参数设定产生轮廓、填充及支撑的轨迹路径,获得 Gcode 代码,可以导出进行脱机打印,导出文件的扩展名为 gcode,处理后输出到 3D 打印机,可以方便快捷地得到模型原型。

1. Cura 软件的安装

(1)双击软件安装图标进入安装界面(图 2-17)。选择合适的安装目录进行安装,或选择默认路径安装,单击【Next】按钮,进入下一步。

(2)单击【Install】按钮,进入下一步,开始安装(图 2-18)。

(3)安装完成后,界面显示【Completed】,为安装完成,单击【Next】按钮,进入如图 2-19 所示界面,单击【Finish】完成软件安装。

2. Cura 软件功能简介

Cura 是一款显示、调整切片大小的打印软件,界面如图 2-20 所示。Cura 软件将模型文件切片生成 Gcode 代码,控制打印机的动作,是打印过程的关键环节。Cura 软件易于使用,操作界面和命令设置简单,左上角为软件版本信息,往下为菜单栏,菜单栏下方左侧为参数设置,有【基本】【高级】【插件】等选项卡,右侧为模型显示工作区。

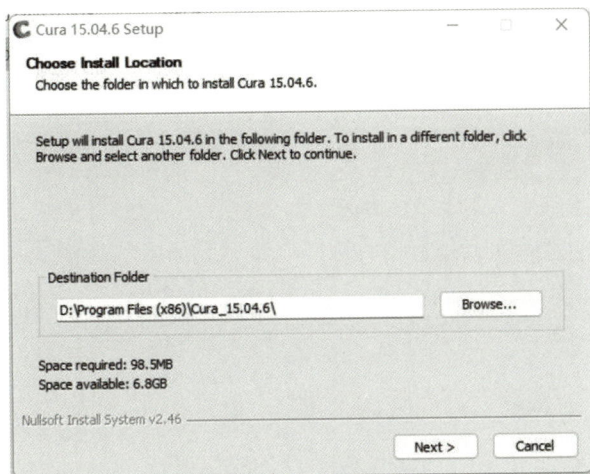

图 2-17　Cura 安装界面

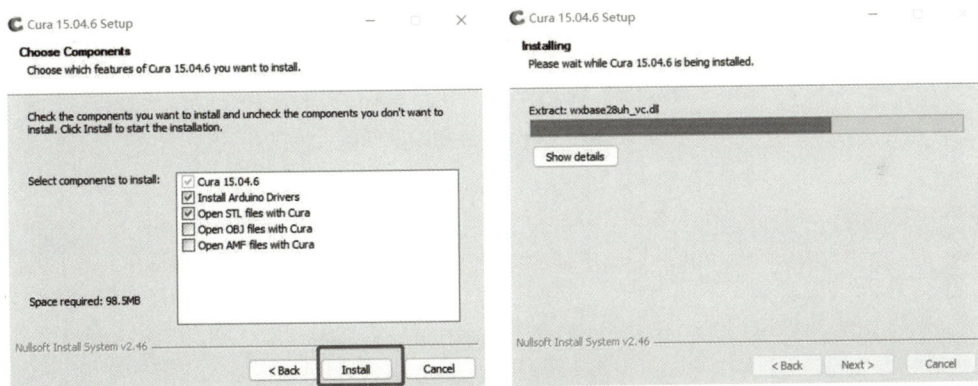

图 2-18　开始安装

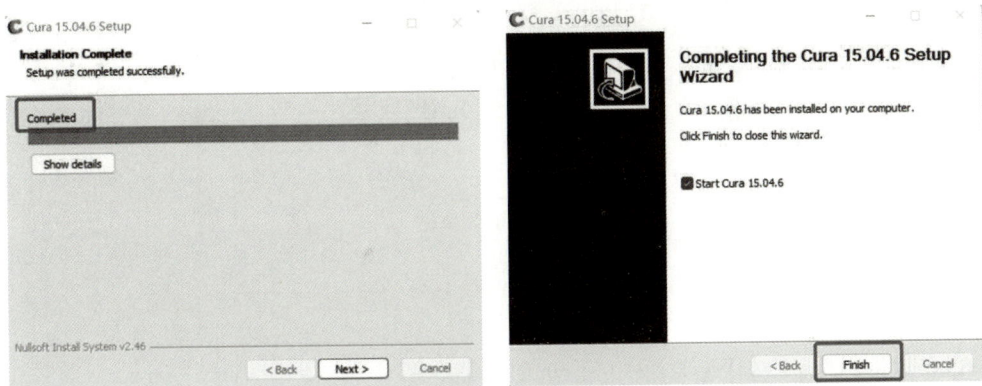

图 2-19　安装完成

"文件"菜单如图2-21(a)所示,主要用于载入模型、读取模型文件(一次可以载入多个模型);"工具"菜单如图2-21(b)所示,可以选择同时打印多个模型或者同时打印模型;"机型"菜单如图2-21(c)所示,可以选择打印机的固件类型,以及设定构建平台的大小;"专业设置"菜单如图2-21(d)所示,可以切换软件的显示模式,以及打开额外设置,进行回退等高级设定。

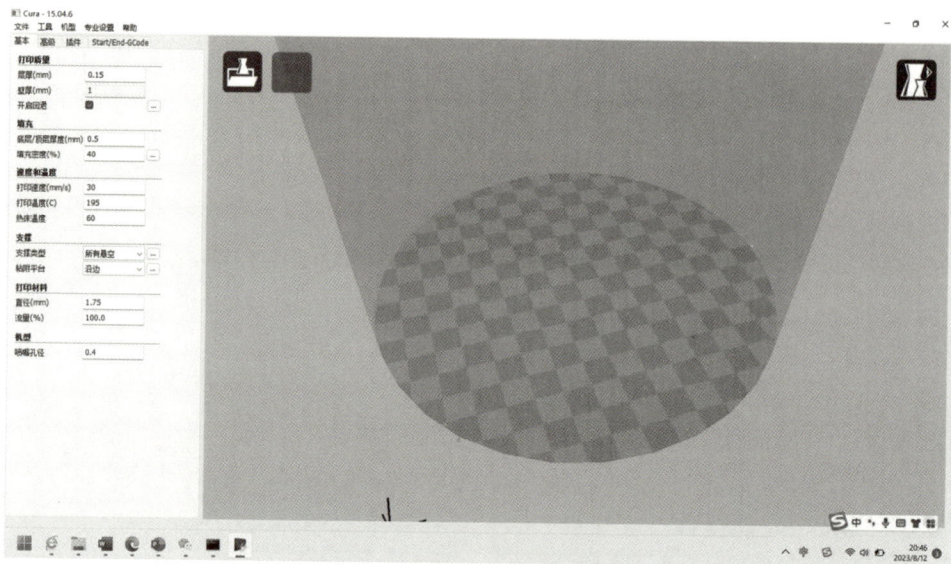

图2-20　Cura 软件初始后界面

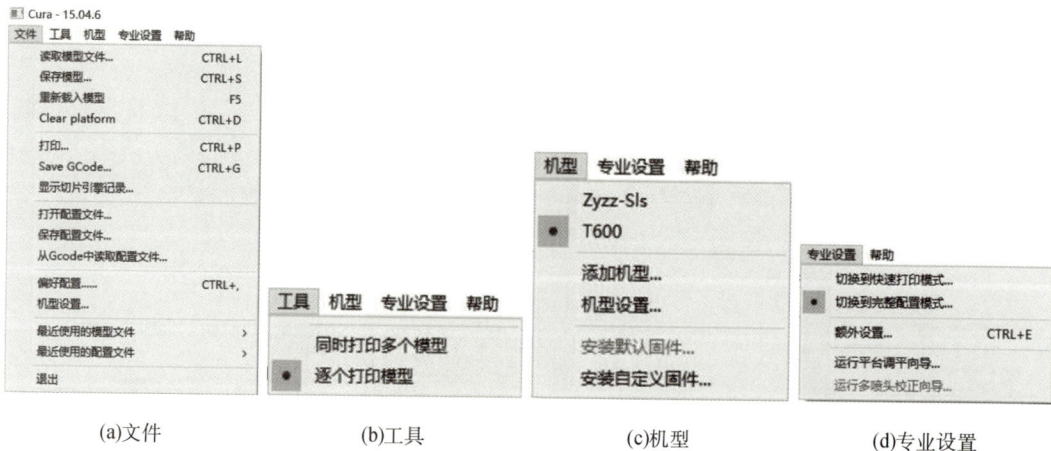

(a)文件　　(b)工具　　(c)机型　　(d)专业设置

图2-21　菜单栏

3.参数详解

(1)基本设置

Cura 软件界面【基本】选项栏中各个选项功能介绍。

①打印质量

【层厚】

层厚是指每层的厚度,影响打印质量。一般打印设置为 0.2 mm,高质量使用 0.1 mm,打印时如果想要降低质量提升打印速度可以设置为 0.3 mm,如果想兼顾打印质量和打印速度可以设置为 0.15 mm。

【壁厚】

壁厚是指模型在水平方向的边缘厚度,壁厚的设置需要结合喷嘴孔径设置成相应倍数,这个参数决定了边缘的走线次数和厚度。

【回退】

回退是指在非打印区域移动喷头时,适当的回退,能避免多余的挤出和拉丝。在高级设置中还可以进行更多相关的设置。

注:在设置参数时,有时设置的不合理,软件会出现红色或者黄色区域作为提示。如图2-22 所示。

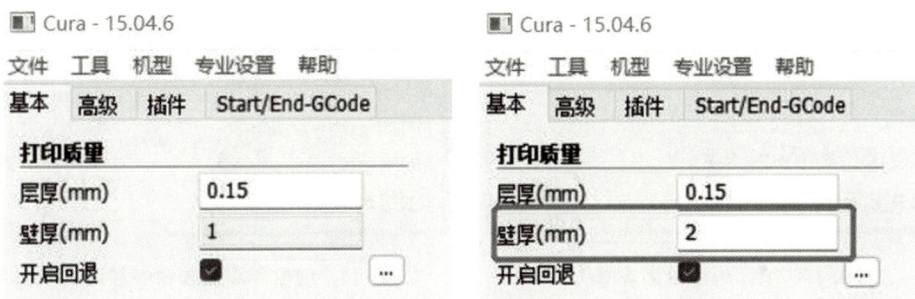

(a)黄色区域提示

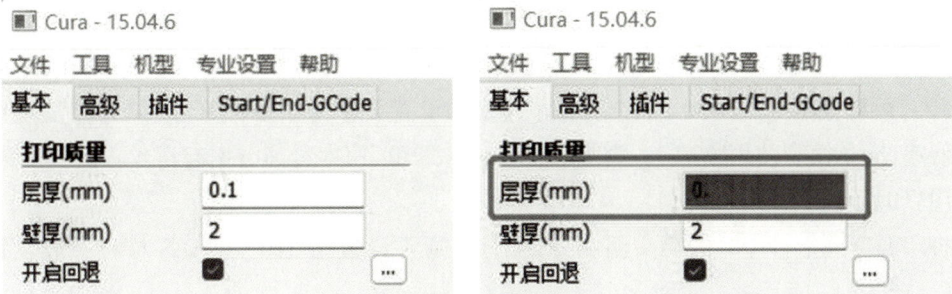

(b)红色区域提示

图 2-22　设置参数

②填充

填充模块主要是对模型的底层厚度、顶层厚度和填充密度进行参数设置。如图 2-23 所示。

【底层/顶层厚度】

这个选项的参数控制底层和顶层的打印厚度,通过层厚和参数计算去打印出实心层的数量,这个数值应设置为层厚的倍数。通常可以设置为接近壁厚的数值,这样模型强度会更均匀。

【填充密度】

填充密度是指打印部件内部的"填充程度",通常为 0% 到 100% 之间的百分比。一般不会影响物体的外观,只会影响物体的强度。打印实心制作件需设置 100%,空心制件设置为 0%,也可以设置为 0~100 之间的数值,如图 2-23 所示。

③速度和温度

速度和温度模块主要是对打印速度、打印温度和热床温度进行参数设置,模块界面如图 2-24 所示。

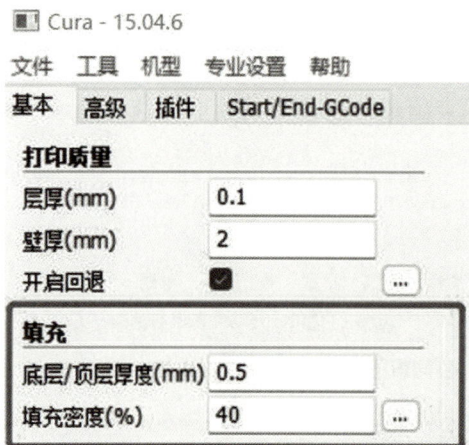

图 2-23　填充模块参数设置界面

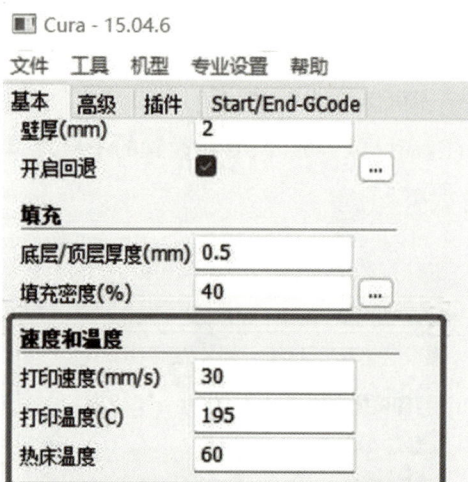

图 2-24　速度和温度模块参数设置界面

【打印速度】

打印速度是指 3D 打印时喷嘴的移动速度,也就是吐丝时运动的速度。最快可达 150 mm/s,为获得更好的打印质量,我们建议打印速度设为 80 mm/s 以下,默认速度为 30 mm/s,可调范围为 25~50 mm/s。打印速度的设置要参考很多因素,建议打印复杂模型使用低速,简单模型使用高速,一般使用 30 mm/s 即可,速度过高会引起送丝不足的问题。

【打印温度】

打印温度是指打印时的喷头温度,PLA 材料通常设置为 210 ℃,ABS 材料一般设置为 230 ℃。

【热床温度】

热床温度是指打印时工作台面的温度。PLA 材料加热床温度为 35~75 ℃,ABS 材料加热床温度为 90~110 ℃。打印模型时,耗材从喷嘴挤出,这时候温度是非常高的,如果直接挤到冷的平面上,就会很快冷却,极有可能会导致粘黏不牢情况发生,加热热床,创建均匀的打印温度就显得尤为重要。

④支撑

【支撑类型】

支撑类型的列表框有 3 个选项,分别是无支撑、延伸到平台和所有悬空。打印模型没有悬空部分,选择无支撑;打印模型外部有悬空部分,可以选择延伸到平台;如果选择所有悬空选项,软件将不以悬空角度为准,所有悬空的部分都会被添加支撑。在支撑类型部分,还可以进一步做专业设置,如图2-25所示,例如支撑类型是线性还是网格,点击支撑类型右侧按钮,会弹出对话框,可以进一步设置打印支撑的详细参数,支撑类型有"Lines"和"Grid",二者的区别在于"Lines"打印的支撑为线条型,比较容易去除,而"Grid"是一个比较结实的整体结构。支撑临界角为在模型上判断开始生成支撑的最小角度,支撑临界角度是45°还是50°或者60°,通常小于45°的地方可以不做支撑添加;支撑数量、XYZ轴距离等,这些参数都会影响模型的打印,也需要根据模型的不同需求进行变化设置。

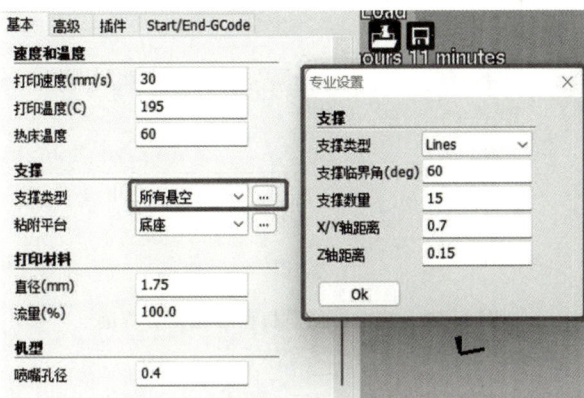

图2-25　支撑类型参数设置界面

【粘附平台】

粘附平台决定了模型与加热平台的接触面积,主要用来防止打印件翘边,3个选项分别是无、沿边和底座,如图2-26所示,选择"无"选项,打印时没有底层;选择"沿边"选项,在打印物体的周围增加底层;选择"底座"选项,在打印物体周围增加一个厚的底层的同时又增加一个薄的上层,可根据具体模型的不同需求进行优化设置。

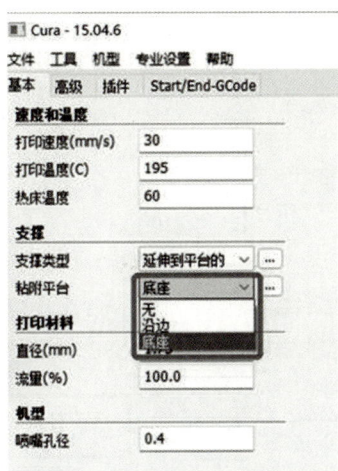

图2-26　粘附平台参数设置界面

⑤打印材料与机型

打印材料与机型参数设置界面如图 2-27 所示,现有的 3D 打印丝材直径有 1.75 mm、2.85 mm 和 3 mm 三种规格,1.75 mm 的 3D 打印丝材是目前市场上最为常见的规格。1.75 mm 的丝材相对来说更细,可以提供更精细的打印效果。与 1.75 mm 的丝材相比,2.85 mm 的丝材打印速度更快,可以更快地完成大尺寸或者结构简单的打印模型。与其他两种直径相比,3 mm 的丝材是最粗的。由于丝材更加粗,打印速度也相对较慢,因此 3 mm 的丝材通常适用于大型结构的打印模型,如雕塑或者弯曲部分。但对于普通操作来说,由于需要一台更大的 3D 打印机才能兼容 3 mm 的丝材,因此 3 mm 的丝材更适合专业操作。打印材料和喷嘴直径都根据打印机型的不同会做调整,可以按照相应的尺寸填写。

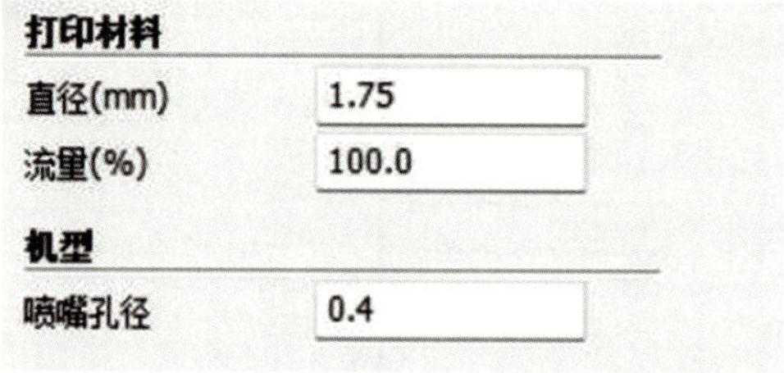

图 2-27　打印材料与机型参数设置界面

(2)高级设置

高级参数设置界面如图 2-28 所示,其中包括回退、打印质量、速度和冷却 4 部分。

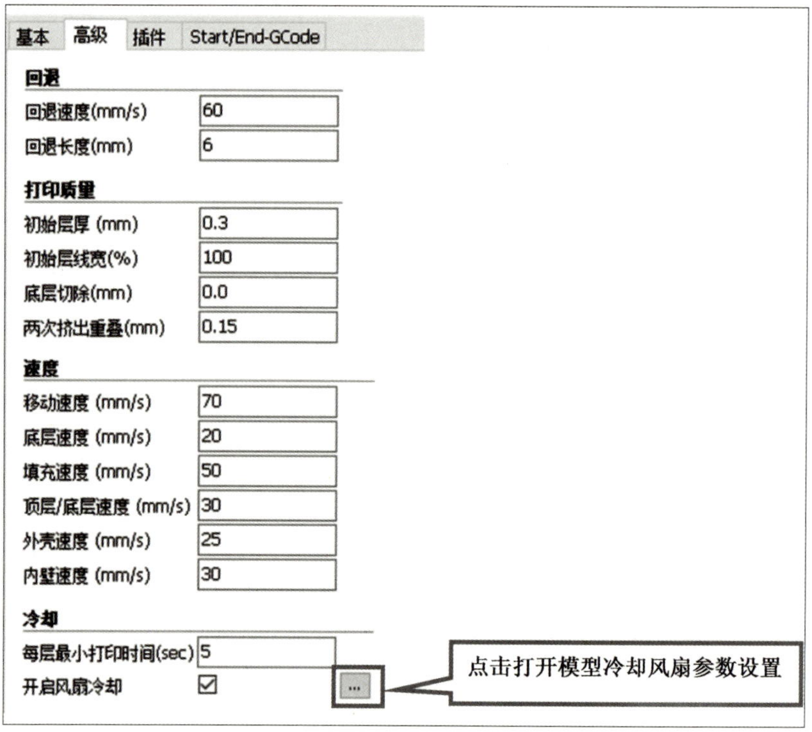

图 2-28　高级参数设置界面

　　【回退速度】是指回退丝材时的速度,设定较高的速度能达到比较好的效果,但是过高的速度可能会导致丝的磨损。【回退长度】参数设置为0时不会回退,在远程挤出时设置为3~5 mm时效果比较好。

　　【打印质量】模块中,【初始层厚】是为底层的厚度,较厚的底部,能使材料和打印平台黏附得很好。设置为0时,则使用层厚作为初始层厚度。【初始层线宽】是用于第一层的挤出宽度,第一层设定较宽的数值可以增加与平台的黏度。【底层切除】是指模型底部部分下沉进工作台面,不会被打印出来,通常在模型底部不太平整或者特别大时,可以使用这个参数切除一部分模型底部再打印。【两次挤出重叠】是添加一定的重叠挤出,这样能使两个不同的颜色融合。

　　【速度】模块中,【移动速度】是指喷头移动的速度,是在非打印状态下的移动速度,不能超过150 mm/s。【底层速度】是指打印底层的速度,这个值通常会设置得较低,这样能使底层和平台黏附得很好。【填充速度】是指打印内部填充时的速度,当设置为0时,会使用打印速度作为填充速度。【顶层/底层速度】是打印顶层或底层填充时的速度,当设置为0时,会使用打印速度作为填充速度。【外壳速度】是指打印模型外壳的速度,当设置为0时,会使用打印速度作为外壳速度。【内壁速度】是打印内壁时的速度,同样,当设置为0时,系统会使用打印速度作为打印内壁的速度。使用较高的打印速度可以减少模型的打印时间,但是可能会对质量造成影响,因此需要设置好外壳速度、打印速度、填充速度之间的关系。

　　【冷却】模块中,【每层最小打印时间】是指打印每层要耗费的最少时间。在打印下一层前留一定时间让当前层冷却。【开启风扇冷却】是指打印期间开启风扇,点击右侧按钮,如图2-28所示,可以对风扇冷却部分进行更专业的设置,如图2-29所示。如【风扇全速开启高度】设置在某一高度下风扇全速开启,风扇最大、最小速度等。

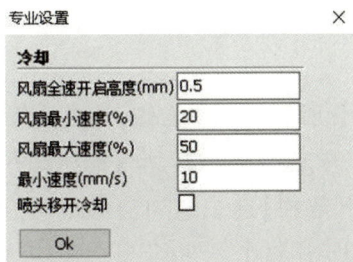

图2-29　冷却模块专业设置界面

　　(3)额外设置

　　选择“专业设置”→“额外设置”命令,弹出“专业设置”对话框,如图2-30所示。

　　①【填充】

　　【填充顶层】打印一个坚实的顶部表面,如果取消选中此复选框,将会以设置的填充比例进行打印;【填充底层】打印一个坚实的底部,如取消选中此复选框,则会根据填充比例填充,当打印建筑类模型的时候比较有用;【填充重合】内部填充和外表面的重合交叉程度,填充和外表面交叉有助于提升外表面和填充的连接坚固性。

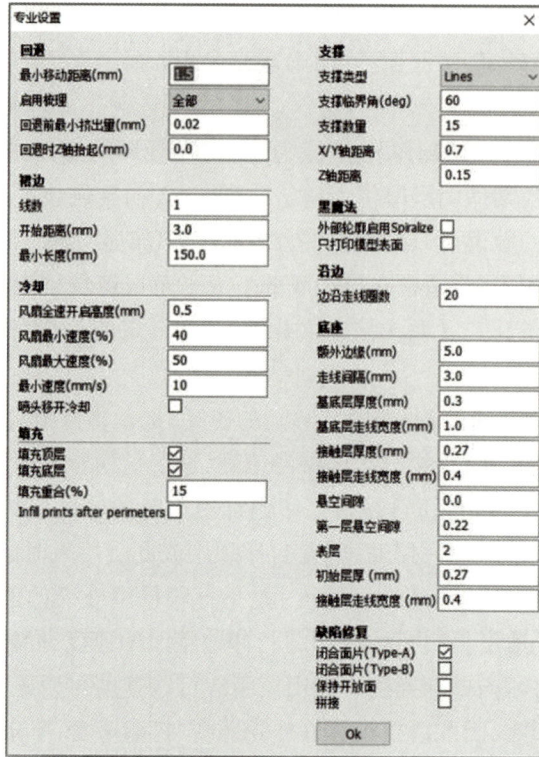

图 2-30　专业设置界面

②【黑魔法】

【外部轮廓启用 Spiralize】是一个在 Z 轴方向帮助打印光滑的功能,在整个打印过程中会稳固增加 Z 轴方向的数值,这个功能可以使打印物体像有结实底部的单面墙一样;【只打印模型表面】选中此复选框,则仅打印表面,顶、底、内部填充都会丢失,此功能不常用。

③【缺陷修复】

【闭合面片】这个选项会组合所有的打印物体,结果一般是内部孔消失了,取决于物体能否这样做,A 类型是比较正常的,会尽量保持所有的内部孔不变,B 类型会忽略所有的内部孔,只保持外部形状;【保持开放面】这个选项会保持所有的开放面不动,正常情况下,Cura 会尝试着填补所有的洞,但选中这个复选框,则会忽略这些洞,这个选项一般是不需要的,除非在出现切片失败的情况下,可能需要打开它;【拼接】选项用于切片尝试恢复那些开放的面,使它们变成闭合的多边形,但是这使算法处理时间大大增加,通常不用。

知识点 7　模型切片

1. 模型摆放

点击工具栏中的 [图标] Load 图标加载待打印模型,或者使用文件(File)菜单下的载入模型,文件格式通常为 STL 格式。

当模型变成亮黄色时,视图区中的棋盘格就是打印平台区域,模型可以在该区域内任意摆放,鼠标左键旋转模型之后,按住左键拖动即可以改变模型的位置。

Cura 软件支持对打印模型做简单调整;在 Cura 中点击模型,此时界面左下角会出现三个图标,其功能分别是对模型做"旋转""缩放""镜像"操作。

(1)旋转调整模型

选中模型,点击"旋转"按钮,发现该按钮上方会出现另外两个按钮,分别是"Lay flat""Reset",同时发现模型三个轴向各自分别出现一个圆圈。点击"Lay flat"按钮,可以对模型做转平调整;点击"Reset"按钮,可以恢复转动过的模型到最初导入时的状态;而拖动模型三个轴向的任一圆圈可以对模型做该轴向上的旋转调整,如图2-31所示。

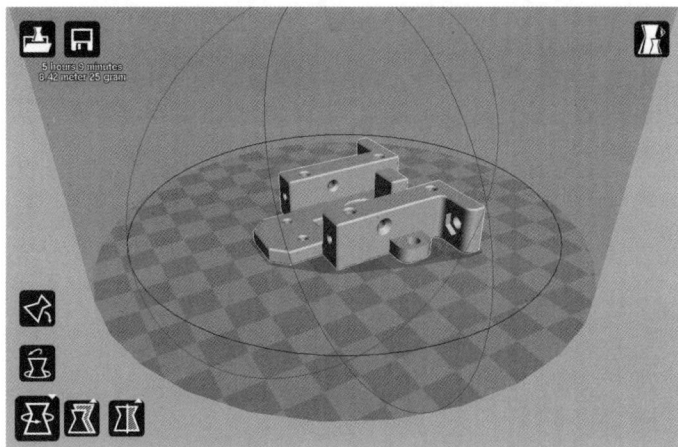

图 2-31 旋转调整模型

(2)缩放调整模型

如图2-32所示,选中模型,点击"缩放"按钮,在该按钮上方会出现两个按钮,分别为"To max"和"Reset",同时该按钮上方会出现一个文本对话框,在上面三个 Scale X、Scale Y、Scale Z 对应的文本框中输入数字可以对模型按比例做各轴向上的缩放;在下面三个 Size X、Size Y、Size Z 对应的文本框中输入数字可以改变模型各轴向上的尺寸。点开"Uniform scale"后面锁这个按钮,可以同时对模型做三个轴向尺寸的缩放,关闭这个按钮,可以单独改变某个轴向上的尺寸。点击"To max"这个按钮,可以自动将模型调整到最大化而不会超出最大成型尺寸,点击"Reset"这个按钮可以让缩放过的模型调整为导入软件时的大小。

(3)镜像调整模型

如图2-33所示,选中模型,点击"镜像"按钮,在该按钮上方会出现三个按钮,分别为"镜像Z""镜像Y"和"镜像X",点击按钮"镜像Z",可以对模型做 Z 轴方向的反向调整,同理点击按钮"镜像Y"和按钮"镜像X",可以对模型做 Y 轴和 X 轴方向的反向调整。

2. 模型切片步骤

(1)模型摆放在合适的位置,调整好大小尺寸。

(2)点击右上角 Layers 图标可以观察模型每层截面形状。

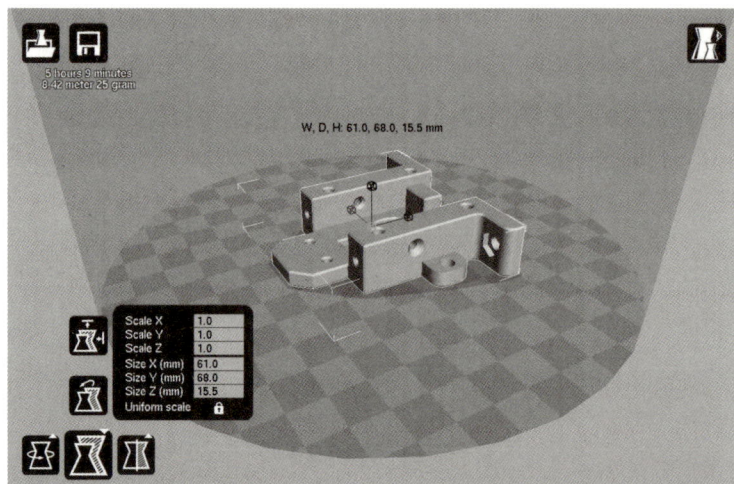

图 2-32　缩放调整模型

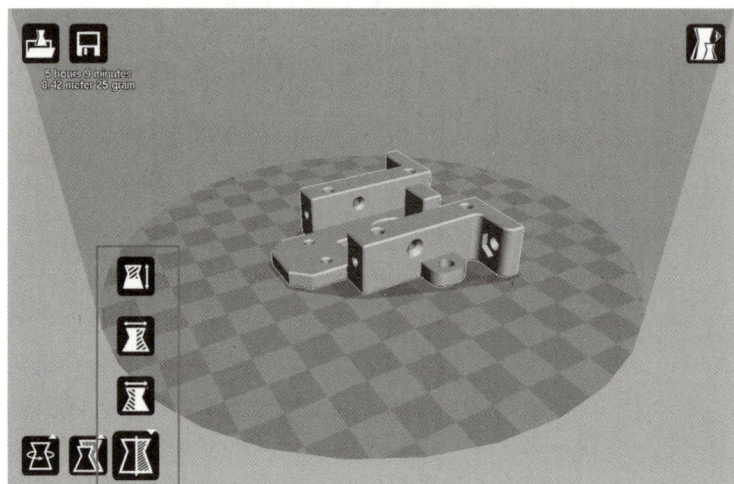

图 2-33　镜像调整模型

（3）在设置支撑时，点击 ⬛ Overhang 图标可以观察悬空位置，悬空的部分会用红色标记出来。

（4）当图标调整为 Nomal 时，表明视图为正常观察模型的视角。

（5）点击文件，选择 Save Gcode 选项保存为 Toolpath (*.gcode) 格式，完成切片。

【自学自测】

学习领域	3D 打印技术		
学习情境 2	叶轮模型的 3D 打印	任务 1	叶轮数据处理
作业方式	小组分析,个人解答,现场批阅,集体评判		
1	常用的切片软件有哪些?		

作业解答:

2	模型设置支撑有哪些形式? 要点是什么?

作业解答:

3	模型的摆放有哪些要求?

作业解答:

表（续）

4	模型的打印质量与前期哪些参数设置相关？

作业解答：

5	简述模型数据处理的流程？

作业解答：

6	PLA 材质的打印温度设置为多少？ABS 材质的打印温度设置为多少？

作业解答：

作业评价：

班级		组别		组长签字	
学号		姓名		教师签字	
教师评分		日期			

【任务实施】

1. Cura 软件安装

按照安装提示完成软件安装。

2. 导入模型

打开 Cura 软件进入操作界面,点击 ![icon] Load 图标加载模型或点击"文件"→"读取模型文件"选择叶轮模型,如图 2-34 所示,将待打印的模型导入,模型载入后会显示打印需要的参考时间,这个时间不是固定的,会根据后续我们设置的参数的不同有所调整。

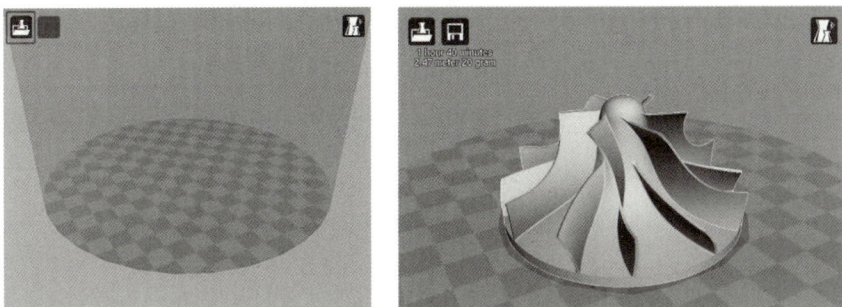

图 2-34　导入模型

3. 零件摆放

导入模型时,软件会根据模型的特质自动进行初步的合理摆放,但是也有一些模型在载入前,坐标出现问题会出现偏移出打印平台(图 2-35)的情况,或是模型过大超出打印机的打印范围时(图 2-36),这种情况下模型会变成灰色,意为不能打印。如果出现这两种情况,可以点击模型,点击鼠标左键将模型拖拽至打印区域,或者点击左下方 ![icon] 按钮,设置 Scale X、Scale Y、Scale Z 的缩放比例,或者设置 Size X、Size Y、Size Z 的值对模型进行尺寸大小的更改,如图 2-37 所示。如果想旋转模型摆放角度,可点击 ![icon] 按钮,在 XYZ 三个方向旋转,摆放模型,如图 2-38 所示。

图 2-35　模型偏移出打印平台

图 2-36　模型超出打印平台

图 2-37　更改模型尺寸大小

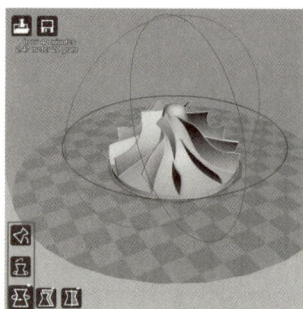

图 2-38　旋转模型

4. 参数设置

后续打印使用的打印机为 T600Ⅱ 型(也可以选择其他型号),按照机型与模型的匹配,设置参考参数如图 2-39 所示。

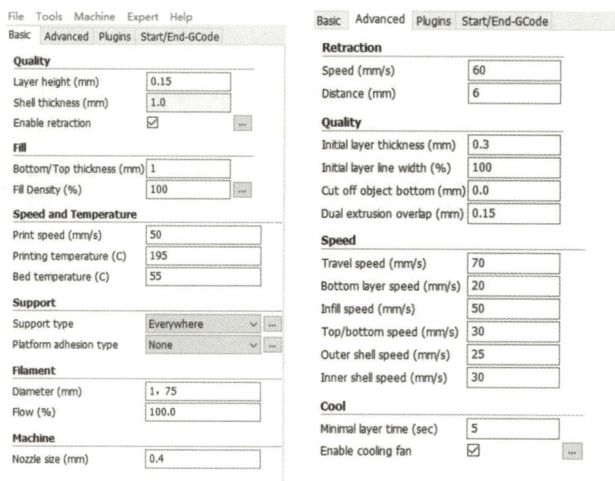

图 2-39　打印机参数设置

选择的支撑类型为"所有悬空形式",支撑的起始角度设置为 60°。风扇的开启或关闭可根据实际温度调整。如图 2-40 所示,参数调整后打印时间变更为 3 小时 37 分钟。

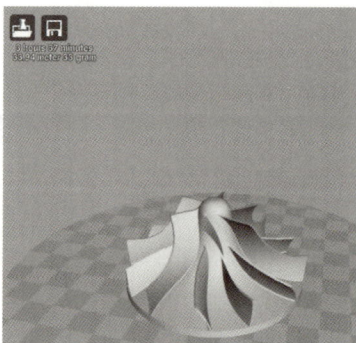

图 2-40　模型打印时间预览

5.生成打印路径,保存 Gcode 文件

点击软件右上角 图标,观察截面形状,如图 2-41 所示,如果模型形状复杂可切换 overhang 命令观察悬空位置。

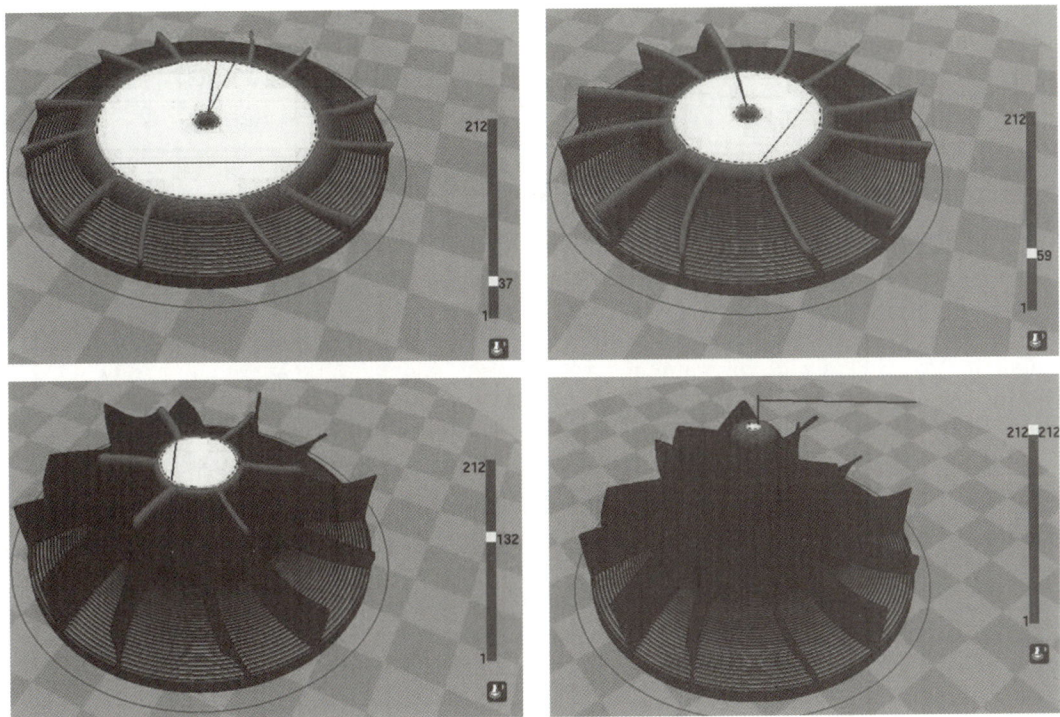

图 2-41　截面形状预览

观察界面没有问题后,点击"File"→"Save Gcode"输出 Gcode 文件,如图 2-42 所示。

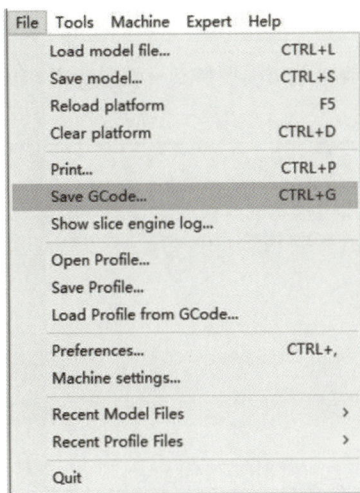

图 2-42　输出 Gcode 文件

6. 切片质量与评分标准(表2-1)

表2-1 切片质量与评分标准

序号	评分内容	配分	评分标准
1	摆放位置	10	摆放合理
2	支撑类型	40	能支撑模型完成打印
3	打印层厚	20	好的表面质量
4	打印温度	30	模型不翘边,不堵喷头

【叶轮的 3D 打印工作单】

计划单

学习情境2	叶轮模型的3D打印		任务1	叶轮数据处理	
工作方式	组内讨论、团结协作共同制定计划,小组成员进行工作讨论,确定工作步骤		计划学时		0.5 学时
完成人	1.　　　2.　　　3.　　　4.　　　5.　　　6.				

计划依据:1.　　　　　　　;2.

序号	计划步骤	具体工作内容描述
1	准备工作(准备图纸、模型、计算机,谁去做?)	
2	组织分工(成立组织,人员具体都完成什么工作?)	
3	制定方案(设计→数据处理→参数设置,各阶段重点是什么?)	
4	制作过程(模型导入→观察总结模型特点→模型处理→完成→后处理)	
5	整理资料(谁负责? 整理什么内容?)	
制定计划说明	(对各人员完成任务提出可借鉴的建议或对计划中的某一方面做出解释)	

决策单

学习情境 2	叶轮模型的 3D 打印	任务 1	叶轮数据处理
决策学时			0.5 学时

决策目的:叶轮 3D 打印各环节流程方案对比分析,比较加工质量、加工时间、加工成本等

	成员	方案的可行性 (数据质量)	参数的合理性 (采集时间)	加工的经济性 (测量成本)	综合评价
工艺方案 对比	1				
	2				
	3				
	4				
	5				
	6				

决策评价	结果:(将自己的加工方案与组内成员的加工方案进行对比分析,对自己的工艺方案进行修改并说明修改原因,最后确定一个最佳方案)

检查单

学习情境2	叶轮模型的3D打印	任务1		叶轮数据处理
评价学时		课内0.5学时		第　　组

检查目的及方式	在加工过程中,教师对小组的工作情况进行监督、检查,如检查等级为不合格,则小组需要整改,并拿出整改说明

序号	检查项目	检查标准	检查结果分级 (在检查相应的分级框内划"√")				
			优秀	良好	中等	合格	不合格
1	准备工作	资源是否已查到,材料是否准备完整					
2	分工情况	安排是否合理、全面,分工是否明确					
3	工作态度	小组工作是否积极主动,是否为全员参与					
4	纪律出勤	是否按时完成负责的工作内容、遵守工作纪律					
5	团队合作	是否相互协作、互相帮助,成员是否听从指挥					
6	创新意识	任务完成是否不照搬照抄,看问题是否具有独到见解与创新思维					
7	完成效率	工作单是否记录完整,是否按照计划完成任务					
8	完成质量	工作单填写是否准确,流程环节、参数设置、成型件质量是否达标					

检查评语		教师签字:

【任务评价】

小组工作评价单

学习情境2	叶轮模型的 3D 打印		任务 1		叶轮数据处理	
评价学时			课内 0.5 学时			
班级			第　　组			
考核情境	考核内容及要求	分值（100）	小组自评（10%）	小组互评（20%）	教师评价（70%）	实际得分
汇报展示（20分）	演讲资源利用	5				
	演讲表达和非语言技巧应用	5				
	团队成员补充配合程度	5				
	时间与完整性	5				
质量评价（40分）	工作完整性	10				
	工作质量	5				
	报告完整性	25				
团队意识（25分）	核心价值观	5				
	创新性	5				
	参与率	5				
	合作性	5				
	劳动态度	5				
安全文明生产（10分）	工作过程中的安全保障情况	5				
	工具正确使用和保养、放置规范	5				
工作效率（5分）	能够在要求的时间内完成，每超时 5 分钟扣 1 分	5				

小组成员素质评价单

学习情境 2	叶轮模型的 3D 打印		任务 1			叶轮数据处理	
班级	第 组		成员姓名				
评分说明	每个小组成员评价分为自评分和小组其他成员评分两部分,取平均值,作为该小组成员的任务评价个人分数。评分项目共计 5 个,依据评分标准给予合理量化打分。小组成员自评分后,要找小组其他成员以不记名方式评分						
评分项目	评分标准	自评分	成员 1 评分	成员 2 评分	成员 3 评分	成员 4 评分	成员 5 评分
核心价值观（20分）	有无违背社会主义核心价值观的思想及行动						
工作态度（20分）	是否按时完成负责的工作内容、遵守纪律,是否积极主动参与小组工作,是否全过程参与,是否吃苦耐劳,是否具有工匠精神						
交流沟通（20分）	能否良好地表达自己的观点,能否倾听他人的观点						
团队合作（20分）	是否与小组成员合作完成任务,做到相互协作、互相帮助、听从指挥						
创新意识（20分）	看问题能否独立思考、提出独到见解,能否利用创新思维解决遇到的问题						
小组成员最终得分							

【课后反思】

学习情境 2	叶轮模型的 3D 打印		任务 1	叶轮数据处理
班级		第 组	成员姓名	
情感反思	通过对本次任务的学习和实训,你认为自己在社会主义核心价值观、职业素养、学习和工作态度等方面有哪些需要提高的部分?			
知识反思	通过对本次任务的学习,你掌握了哪些知识点? 请画出思维导图。			
技能反思	在完成本次任务的学习和实训过程中,你主要掌握了哪些技能?			
方法反思	在完成本次任务的学习和实训过程中,你主要掌握了哪些分析和解决问题的方法?			

【课后作业】

如图 2-43 所示为打印机中打印头挤丝机接线坞模型,需要完成模型在打印前的处理,包括:使用 Cura 软件,根据打印模型的形状特征合理摆放模型并添加支撑;合理规划打印路径,获取模型 Gcode 文件;同时对参数设置方法进行总结。

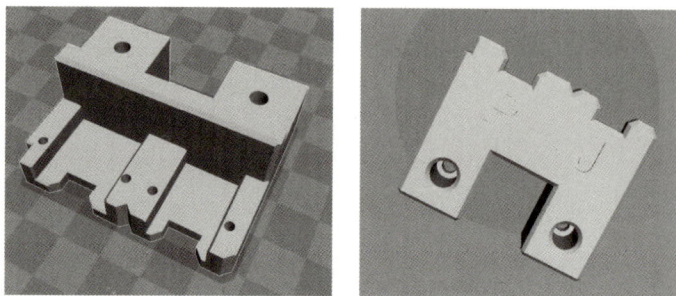

图 2-43 挤丝机接线坞模型

打印头挤丝机接线坞

任务 2 叶轮打印成型

【任务工单】

学习情境 2	叶轮模型的 3D 打印	任务 2	叶轮打印成型
任务学时		4 学时(课外 8 学时)	
布置任务			
任务目标	1. 能够独立完成 FDM 打印机的调平、进料、退料等操作; 2. 熟练操作 FDM 3D 打印机; 3. 能正确设置打印工艺参数、打印机的打印参数; 4. 会分析 3D 打印机的常见故障; 5. 养成操作设备的规范性		
任务描述	前一个任务中,同学们将设计好的模型文件转化成打印通用的 STL 格式,并对转化过程中产生的错误进行检测、数据修复、转换、切片(分层)以及为模型添加必要支撑(便于堆叠)等操作,生成打印设备可识别执行的数字文件		

表(续)

任务描述	本次任务我们需要用已生成好的模型文件,调试好 FDM 打印机,运用正确的方法与适合的材料打印出相应模型实体,对产品装配结构、形状、尺寸进行验证,确保符合生产要求。 按照打印要求打印出一个叶轮的实物模型。如图 2-44 所示。 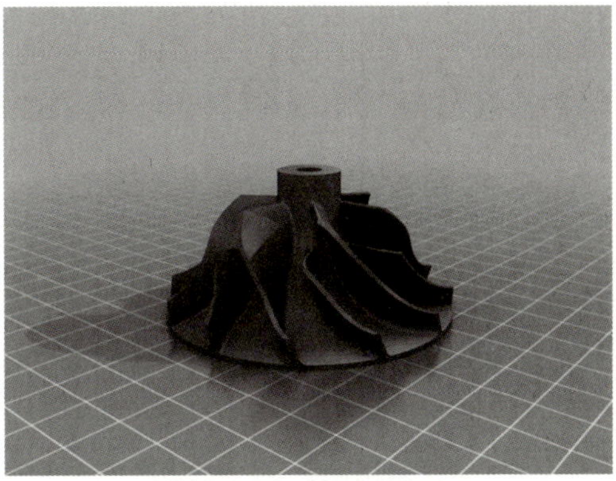 图 2-44　待打印叶轮模型 请同学们完成以下具体任务: 1.独立完成 FDM 打印机的初始安装和参数设置; 2.完成打印机的调平、进料、退料等工作; 3.操作 FDM 打印机,完成脚轮模型的打印					
学时安排	资讯 1 学时	计划 0.5 学时	决策 0.5 学时	实施 1 学时	检查 0.5 学时	评价 0.5 学时
提供资源	1.脚轮模型; 2.切片软件; 3.FDM 打印机、PLA/ABS 丝材; 4.课程标准、多媒体课件、教学演示视频及其他共享数字资源					
对学生学习及成果的要求	1.独立完成 FDM 打印机的初始安装和参数设置; 2.完成打印机的调平、进料、退料等工作; 3.操作 FDM 打印机,完成脚轮模型的打印; 4.能按照学习导图自主学习,并完成课前自学的问题训练和作业单; 5.严格遵守课堂纪律,学习态度认真、端正,能够正确评价自己和同学在本任务中的素质表现; 6.必须积极参与小组工作,承担模型设计、参数设置、设备调试、加工打印等工作,做到积极主动不推诿,能够与小组成员合作完成工作任务; 7.需独立或在小组同学的帮助下完成任务工作单并提请检查、签认,对提出的建议或有错误务必及时修改; 8.每组必须完成任务工作单,并提请教师进行小组评价,小组成员分享小组评价分数或等级; 9.完成任务反思,以小组为单位提交					

【课前自学】

知识点1 3D打印工艺分类

3D打印又称增材制造技术（additive manufacturing，AM），在20世纪80年代诞生于美国。增材制造技术的诞生源于模型快速制作的需求，所以经常被称为"快速成型"技术。历经四十余年日新月异的技术发展，增材制造已从概念上的快速成型发展到了覆盖产品设计和制造的全部环节的一种先进制造技术。目前，应用较为广泛且带来显著经济和社会效益的3D打印技术有：光固化成型（stereolithography apparatus，SLA）、选择性激光烧结（selective laser sintering，SLS）、熔融沉积成型（fused deposition modeling，FDM）、激光熔覆成型（selective laser melting，SLM）、激光近成型（laser engineering net shaping，LENS）、电子束熔化（electron beam melting，EBM）、三维喷涂黏结成型（three dimensional printing，3DP 或 three dimensional printing gluing，3DPG）、箔材黏结成型（laminated object manufacturing，LOM）、电弧喷涂成型（arc spraying process，ASP）、气相沉积成型（physical/chemical vapor deposition，PVD/CVD）、堆焊成型（overlay welding，OW）或喷焊成型（spray welding，SW）等。各种增材制造工艺的本质特征都是基于离散的增长方式制造制品的，将上述工艺方法依据成型原理进行分类，如表2-2所示。

表2-2 3D打印工艺分类

工艺	成型原理	成型材料	工艺特点	应用领域
SLA	激光固化	光敏树脂	精度高；零件复杂精细	生物医疗；手办模型等
SLS	激光选取烧结	金属/非金属等	无须支撑；致密度低	铸造蜡模；工业用件等
SLM	激光熔融	不锈钢；钛合金等	精度高；强度高	航空航天；船舶汽车等
FDM	熔融沉积	PLA；ABS	简易方便	艺术设计；教育
EBM	电子束熔炼	钛合金；铜合金等	穿透性强；粉床温度高；无须热处理	航空航天；医疗金属植入等
LOM	层叠法	纸基	速度快；结构简单；无须支撑；后处理简单	概念设计；装配检验；铸造砂芯；砂型铸造
LENS	激光近净	钴基；钛基合金等	稀释度小；组织致密；涂层与基体结合好	模具表面熔覆处理；金属件快速修复

上述分类方法是按照成型原理进行分类的，如果按照加工材料的类型分类，如图2-45所示，增材制造工艺又可以分为金属材料成型、无机非金属材料成型、高分子材料以及生物材料成型等；如果按照增材制造过程中的热源方式分类，可以分为激光束、电子束、等离子或离子束等高能束流建造方式以及光固化、喷涂黏结、熔融沉积等一般热源建造方式。

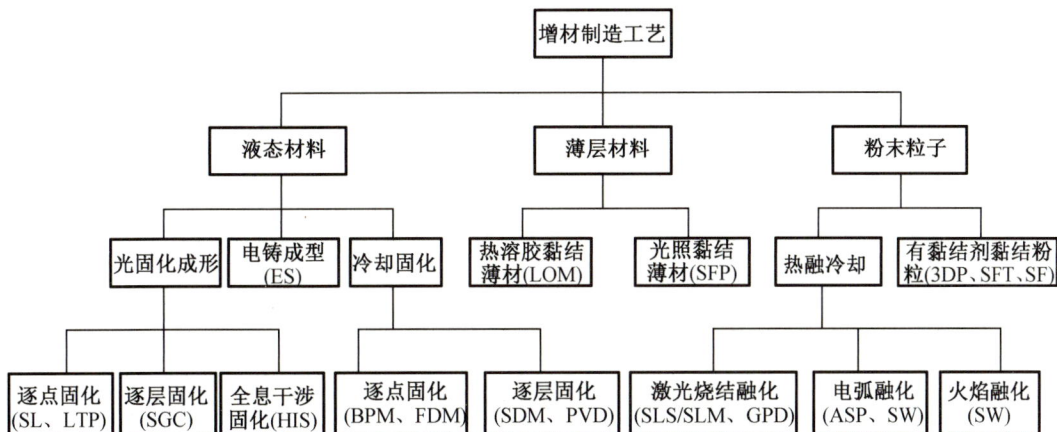

图 2-45　按照加工材料的增材制造类型分类

1. 立体光固化成型(SLA)

(1)立体光固化成型原理

立体光固化成型(stereo lithography appearance,简称 SLA 或 SL)主要是使用光敏树脂作为原材料,利用液态光敏树脂在一定波长的紫外线照射下会快速固化的特性,通过扫描振镜使紫外线由点到线、由线到面的顺序凝固光敏树脂,从而完成一个层截面的固化工作,如图 2-46 所示。

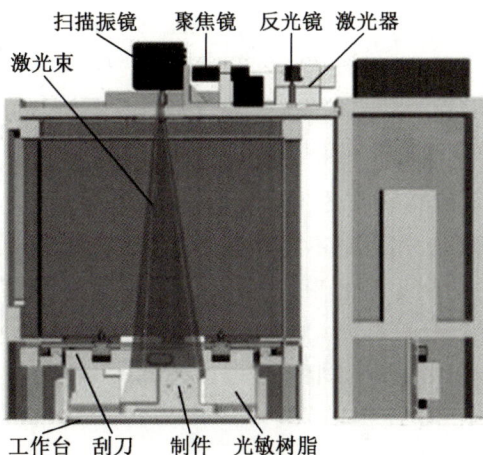

图 2-46　SLA 光固化成型原理

(2)立体光固化成型工作过程

①在盛满液态光敏树脂的树脂槽中,可升降工作台的初始位置高于标准液面 0.3 mm 左右,通过聚焦后的激光束的聚焦点在计算机控制扫描振镜的带动下,在工作台上(黏有液态光敏树脂)进行第一层支撑的扫描,被激光扫过的地方光敏树脂变为固态,并黏结在工作台上,从而完成第一层支撑的制作。完成后工作台下降一个分层厚度差(一般为 0.1 mm),重复上述动作,完成支撑的打印,一般打印高度为 5~6 mm,如图 2-47 所示。

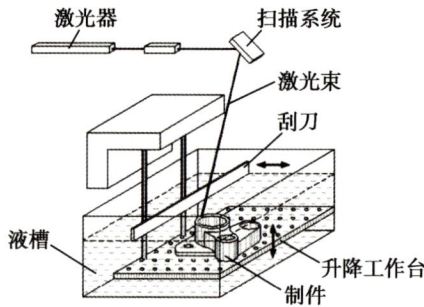

图 2-47　立体光固化成型工作过程

②支撑完成后,紧接着被聚焦后的激光光斑按照分层数据在树脂液面进行分层平面的填充和轮廓的扫描,一般扫描速度为 6 000~12 000 mm/s,这时的激光光斑由于人眼视觉的延迟现象成为一条线,每条扫描线的间隔为 1 个光斑直径,这些扫描线逐行扫描完成一个面。完成后工作台下降一个层厚距离,刮刀刮走多余液态树脂并填平缺少液态树脂的区域,进行下一层的扫描固化,如此重复,直到整个产品打印成型。

③打印完成后,工作台升出液态光敏树脂表面 3~10 mm 处,待液态树脂自然流出后,取下工件,进行清洗、打磨等处理,并可以通过喷漆、电镀等着色处理得到需要的最终产品。

(3)SLA 工艺的优缺点

SLA 是最早出现的快速成型制造工艺,成熟度高。目前的发展方向主要是提高打印速度和增大可打印尺寸。由于该技术采用的是液态光敏树脂,其微粒直径一般为十几纳米甚至更小,所以其成型精度高(在 0.1 mm 左右)、表面质量好。随着该技术的不断应用和发展,适合各种产业应用的耗材被不断开发出来,例如铸造树脂、耐高温树脂、树脂蜡、高韧性树脂等,同时耗材的成本也在不断降低。

SLA 工艺的缺点主要是其系统造价较高,高端机型的激光器、高速扫描振镜和光敏树脂基本靠进口,这是导致其成本增加的主要因素,随着核心零部件的国产化率不断提高以及国产激光器的平均无故障工作时间不断延长,SLA 工艺的设备成本也在不断降低。SLA工艺制件打印前需要进行辅助支撑的添加,以免悬空分层漂移,同时也便于打印完成后从工作台上快速分离。另外,由于光敏树脂和激光器的应用,使得 SLA 工艺设备对工作环境的温度和湿度要求较严格。SLA 工艺打印成型的制件多为树脂类,其强度和耐热性有限,也不利于长时间保存。

2.选择性激光熔化(SLM)

选择性激光熔化(selective laser melting,SLM)技术是由德国 Froounholfer 研究院于 1995年首次提出,该技术克服了 SLS 技术制造金属零件过程复杂的困扰。1995 年,西北工业大学黄卫东教授团队开始了金属 3D 打印的研究,取得了许多重大成果。

(1)SLM 技术的工作原理及流程

SLM 技术的工作原理与 SLS 相似,如图 2-48 所示。SLM 是将激光的能量转化为热能使金属粉末成型,它们的主要区别在于,SLS 在制造过程中,金属粉末并未完全熔化,而 SLM在制造过程中,金属粉末加热到完全熔化后熔接成型。

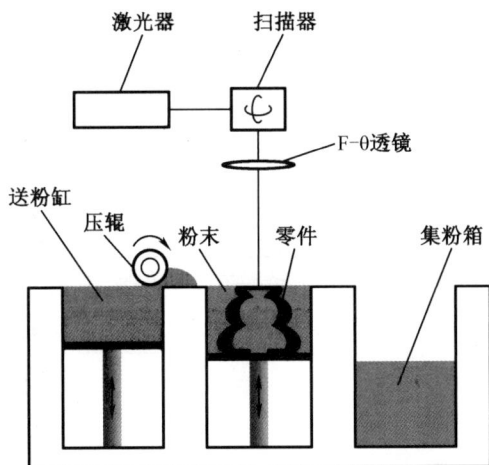

SLS工艺:选择性激光烧结

图 2-48　SLM 技术的工作原理图(描图)

SLM 的工作流程为打印机控制激光在铺设好的粉末上方选择性地对粉末进行扫描熔化,按照分层数据完成一层的扫描熔化后,成型槽工作台下降一个层厚的距离,送料槽底板上升一个层厚的距离,铺粉装置将突出的金属粉末铺撒在已熔化成型的当前层之上,设备按照第二层的数据进行激光熔化,与前一层成型截面黏结, 如此逐层循环直至整个物体成型。

注意:SLM 的整个加工过程需在惰性气体保护的加工室中进行,以避免金属在高温下氧化。

(2)SLM 技术的优缺点

SLM 技术优势较为明显。第一,由于激光直接将金属粉末熔化后黏结,所以 SLM 成型的金属零件致密度高,可达 90% 以上。第二,采用该工艺打印的制件抗拉强度等力学性能指标优于铸件,甚至可达到锻件水平。第三,金属粉末在打印过程中完全熔化,不存在后处理变形问题,因此尺寸精度较高。第四,与传统金属减材制造相比,可节约大量材料,尤其是难加工金属材料,如钛合金等。

SLM 技术的缺点如下。第一,成型速度较慢,为了提高加工精度,需要用更薄的加工层厚,加工小体积零件所用时间也较长,因此难以应用于大规模制造。第二,制件的表面粗糙度和精度有待提高,制件完成后仍需要线切割取件和喷砂表面处理。第三,整套设备昂贵,熔化金属粉末需要更大功率的激光器和配套冷却装置,能耗较高。第四,金属瞬间熔化与凝固,温度梯度很大,产生极大的残余应力,如果基板刚性不足则会导致基板变形,因此基板必须有足够的刚性抵抗残余应力的影响。去应力退火能消除大部分的残余应力。

(3)SLM 技术的主要应用

目前 SLM 技术主要应用于工业领域,在复杂模具、个性化医学零件、航空航天和汽车等领域具有突出的技术优势。

美国航天公司 SpaceX 开发载人飞船 SuperDraco 的过程中,利用了 SLM 技术制造了载人飞船的发动机。SuperDraco 发动机的冷却道、喷射头、节流阀等结构的复杂程度非常高,3D 打印很好地解决了复杂结构的制造问题。使用 SLM 技术制造出的零件的强度、韧性、断裂强度等性能完全可以满足各种严苛的要求,使得 SuperDraco 能够在高温高压环境下工作。

3. 熔融沉积成型(FDM)

熔融沉积成型(fused deposition modeling,FDM)是目前应用最广泛的技术。该技术不涉及激光、高温、高压等危险环节,是成本较低的 3D 打印技术。FDM 最早由美国 Stratasys 公司的创始人 Scott Crump 发明,近年来,FDM 工艺的设备不断进步,变得更为便宜、轻便,3D 打印机也开始逐渐进入普通人的生活(详细内容在知识点 2 有更具体介绍,本节不做赘述)。

4. 电子束熔炼(EBM)

电子束熔炼(electron beam melting,EBM)的工作原理与 SLM 相似,都是将金属粉末完全熔化后成型。其主要区别在于,SLM 技术是使用激光来熔化金属粉末,而 EBM 技术是使用高能电子束来熔化金属粉末(图 2-49)。

图 2-49 电子束同时熔化多个区域的纯铜粉

图 2-50 为电子束熔化 3D 打印机,其零件的制造过程需要在高真空环境中进行,一方面是防止电子散射,另一方面是某些金属(如钛)在高温条件下会变得非常活泼,真空环境可以防止金属的氧化。电子束的能量转换效率非常高,远高于激光,因此能量密度高,粉末材料熔化速度更快,可以得到更快的成型速度,且节省能源;高能量密度能够熔化熔点高达 3 400 ℃的金属;电子束的扫描速度远高于激光,因此在成型过程中可利用电子束对每一层金属粉末扫描预热以提高粉末的温度。经过预热的粉末在成型后残余应力较小,在特定形状的制造上会有优势,且无须热处理。图 2-51 所示为 EBM 制造的汽车零件。

5. 层叠实体制造(LOM)

层叠实体制造(laminated object manufacturing,LOM)又称分层实体制造技术,最早由 Michael Feygin 于 1984 年提出关于 LOM 的设想,并于 1985 年组建了 Helisys 公司,并在 1990 年推出第一台商业机 LOM-1015,成功将该技术商业化。LOM 技术主要以片材(如纸片、塑料薄膜或复合材料)作为原材料。

LOM 技术的成型原理(图 2-52):

图 2-50　电子束熔化 3D 打印机

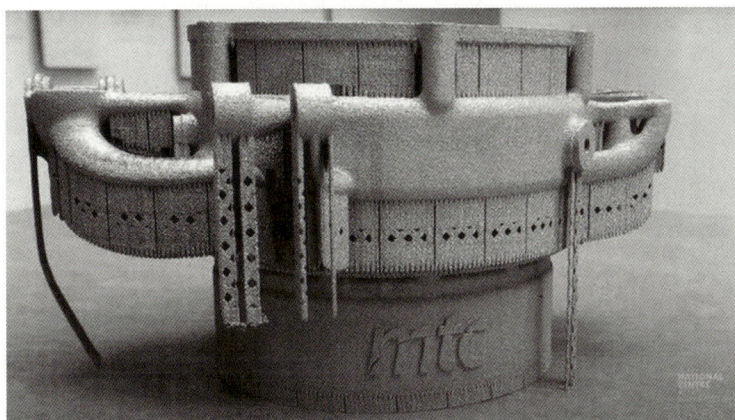

图 2-51　EBM 制造的汽车零件

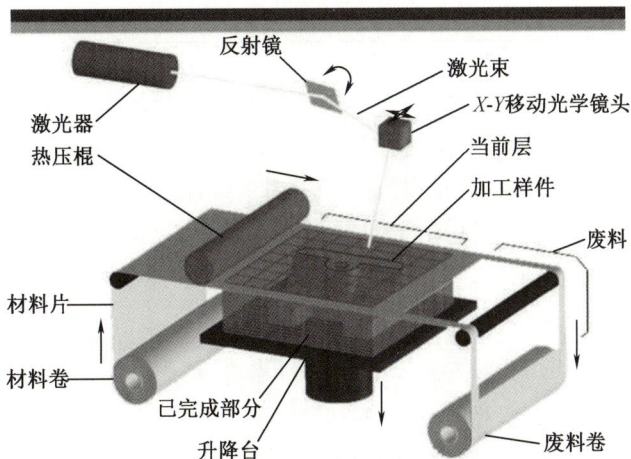

图 2-52　LOM 技术的成型原理

激光切割系统按照计算机提取的横截面轮廓线数据,将背面涂有热熔胶的片材进行切割。切割完一层后,送料机构将新的一层片材叠加上去,利用热黏压装置将已切割层黏合在一起,然后再次重复进行切割。通过逐层地黏合、切割,最终制成三维物件。目前,可供LOM 设备打印的材料包括纸、金属箔、塑料膜、陶瓷膜等。受原材料限制,成型件的抗拉强度和弹性较差,而且不能制造中空结构件,仅限于结构简单的物件。后处理工艺烦琐,打印完成后需要将非制件区域的材料利用工具清理出来,然后进行打磨、抛光、喷油等处理。LOM技术在砂型铸造行业中展现了显著的应用价值,作为原型制作的有效手段,它已逐步取代了传统的手工木模制作方法,提高了生产效率和精度。

> 西北工业大学提出的固相增材制造技术是以LOM技术为基础,将热黏压装置改为扩散焊装置,实现不同金属制件、金属与非金属制件的薄片焊接,大大降低了金属3D打印的成本,而且成功应用于锂电池动力电芯的电极焊接上。

6. 激光近净(LENS)

激光近净(laser engineered net shaping,LENS)技术因为其能够实现梯度材料、复杂曲面修复等功能而深受工业界的喜爱(图2-53)。凭借这些优势,LENS技术在大型器件的修复上正在不断地发挥作用,成为连接传统制造与3D打印的桥梁。

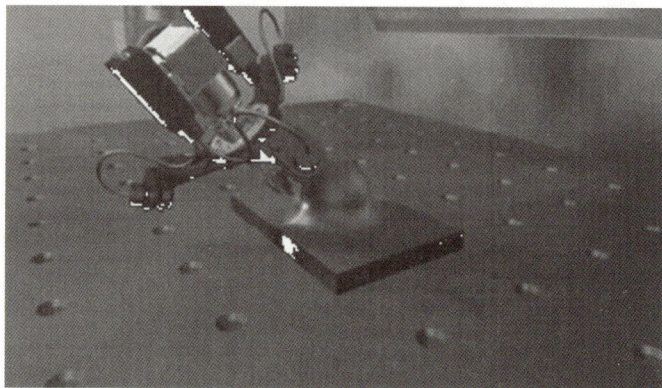

图2-53 LENS技术的加工过程

LENS技术可以实现金属零件的无模制造,同时还解决了复杂曲面零部件在传统制造工艺中存在的切削加工困难、材料去除量大、刀具磨损严重等一系列问题。LENS技术是无须后处理的金属直接成型方法,成型得到的零件组织致密,力学性能很高,并可实现非均质和梯度材料零件的制造。LENS技术的发展也遇到了一些瓶颈,包括粉末材料利用率较低,成型过程中热应力大,成型件容易开裂,精度较低,且可能会影响零件的质量和力学性能等。

LENS技术主要应用于航空航天、汽车、船舶等领域,可用于制造或修复航空发动机和重型燃气轮机的叶轮叶片以及轻量化的汽车零部件等。LENS技术可以实现对磨损或破损的叶片进行修复和再制造的过程,从而大大降低叶片的使用成本,提高生产效率。

知识点2 熔融沉积成型(FDM)技术介绍

FDM技术是快速成型技术的一种。其作为一种可视化的工具,用于设计验证、产品评估,可在投入大量的资金进行批量生产之前,及时发现产品设计中存在的问题,改进设计,保证产品的研发成功率。

1.熔融沉积成型(FDM)技术成型原理

这种技术的材料一般是热塑性材料,如蜡、ABS、PC、尼龙等,以丝状供料。成型设备主要由送丝机构、喷嘴、工作台、运动机构以及控制系统组成。喷头装置在计算机的控制下做 X、Y 方向的平面运动,而工作台做 Z 方向的运动。丝状热塑性材料由供丝机构送至喷头,材料在喷头内被加热熔化。喷头沿零件截面轮廓和填充轨迹运动,同时将熔化的材料挤出,材料迅速固化,并与周围的材料黏结。当一层成型完成后,工作台下降一截面层的高度,喷头再进行下一层的涂覆,如此循环,最终形成三维实体,如图 2-54 所示。

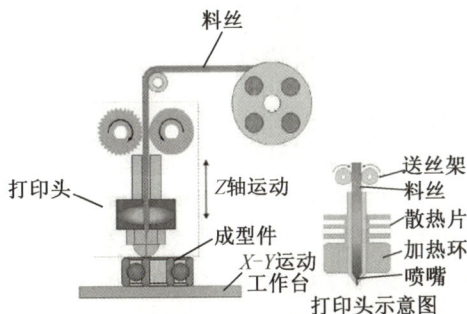

图 2-54   FDM 工作原理图

2.熔融沉积成型(FDM)技术的工作流程

熔融沉积成型的工艺流程图如图 2-55 所示。

图 2-55   熔融沉积成型的工艺流程图

(1)产品 CAD 模型

STL 文件是 3D 打印机通用数据格式,大部分 CAD 建模系统都支持该格式,如专业级建模软件 UG、Pro/E、AutoCAD、SolidWorks 等,也有普通用户的建模软件,可以通过简单的操作编辑 3D 模型,如 Autodesk123、3Done 等,在 CAD 系统或反求系统中获得零件的三维模型后,就可以将其以 STL 格式输出,供 3D 打印成型系统使用。

(2)数据分层处理

完成 STL 文件格式的检查和修复后,选择成型的方向可以方便准确地制造实物。利用分层程序选择参数并将模型分层,得到每一薄片层的平面信息及其有关的三角形面片数据。

成型过程中,每一个层片都是在上一层上堆积而成,上一层对当前层起到定位和支撑的作用。随着高度的增加,层片轮廓的面积和形状都会发生变化,当形状发生较大的变化时,上层轮廓就不能给当前层提供充分的定位和支撑作用,这就需要设计一些辅助结构——"支撑",对后续层提供定位和支撑,以保证成型过程的顺利实现。

（3）分层叠加成型

升高工作台并靠近喷头，到较近距离时改用较小的升降速度，继续升高工作台并贴紧喷头，喷头与工作台的高度可以根据底面黏结情况微调，一般成型机在正式打印前需要进行该步调平工作。

（4）后处理

加工过程结束后，从工作台上取出模型，然后进行检验及后续处理。熔融沉积成型的后处理步骤主要包括去除支撑、模型打磨、抛光、喷涂上色等过程。

（5）成品

按照模型要求，完成后处理后，得到成品。

3. 熔融沉积成型（FDM）技术工艺的优缺点

（1）优点

①系统构造原理和操作简单，维护成本低，系统运行安全。

②可以使用无毒的原材料，原材料利用率高，且材料寿命长。

③可以成型任意复杂程度的零件，常用于成型具有很复杂的内腔、孔等的零件。

④原材料在成型过程中无化学变化，制件的翘曲变形小。

⑤设备、材料体积较小，原材料以材料卷的形式提供，易于搬运和快速更换。

⑥去除支撑简单，无须化学清洗，容易分离。

（2）缺点

①成型件的表面有较明显的条纹。

②强度低，尤其是沿 Z 轴方向的强度比较弱。

③需要对整个截面进行扫描涂覆，成型时间较长。

④需要支撑材料，在成型过程中需要加入支撑材料，在打印完成后要进行剥离。

知识点 3　安装打印机并进行硬件调试

本次使用的 FDM 设备为北京三维博特生产的 T600 Ⅱ 型 3D 打印机，如图 2-56 所示。在打印前需要对设备进行组装和调试。下面以此机型为例做基本操作的介绍。

图 2-56　T600 Ⅱ 型 3D 打印机

说明:机型不同组装方式略有不同,但基本模块的原理相同,操作方式也基本相同。

1.模块安装

　　(1)安装主板模块,如图 2-57 所示。

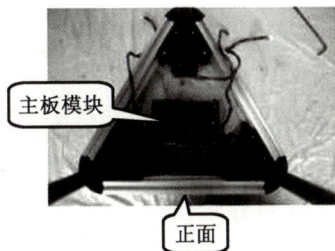

图 2-57　安装主板模块

　　(2)安装主板散热风扇,如图 2-58 所示。

图 2-58　安装主板散热风扇

　　(3)安装框架,如图 2-59 所示。

图 2-59　安装框架

　　(4)安装限位模块、滑块滑轨,如图 2-60 所示。

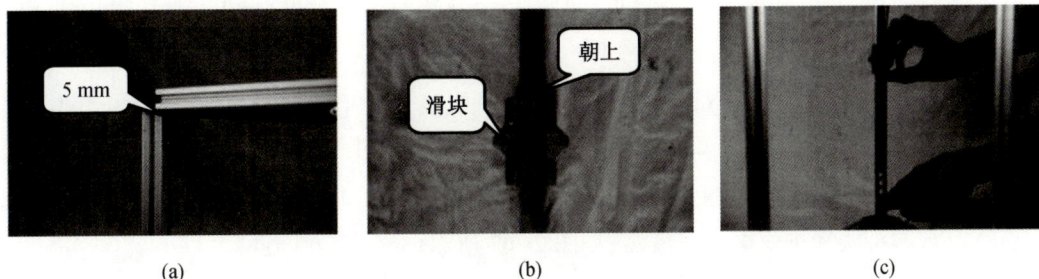

(a)　　　　　　　　　　　(b)　　　　　　　　　　　(c)

图 2-60　安装限位模块、滑块滑轨

（5）安装皮带，如图2-61所示。

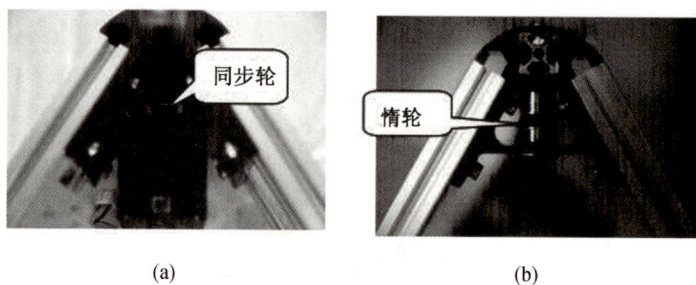

（a）

（b）

图 2-61   安装皮带

（6）接线坞模块安装，如图2-62所示。

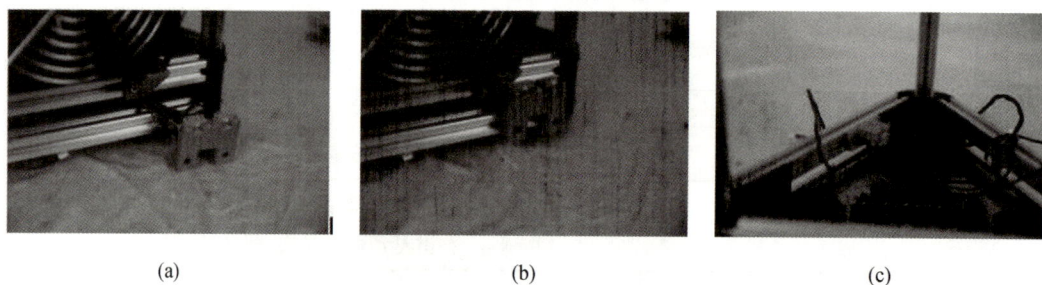

（a）

（b）

（c）

图 2-62   接线坞模块安装

（7）显示屏模块安装，如图2-63所示。

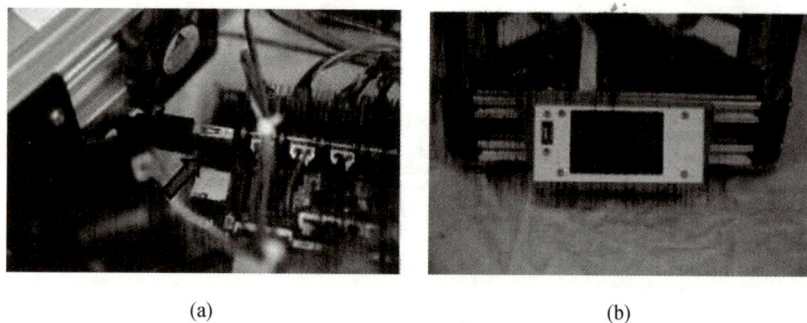

（a）

（b）

图 2-63   显示屏模块安装

（8）风扇模块安装，如图2-64所示。

（9）电源模块安装，如图2-65所示。

（10）挤出机和打印头模型安装，如图2-66所示。

（11）打印头线和进丝电机线安装，如图2-67所示。

(a)　　　　　　　　　　　　　(b)　　　　　　　　　　　　　(c)

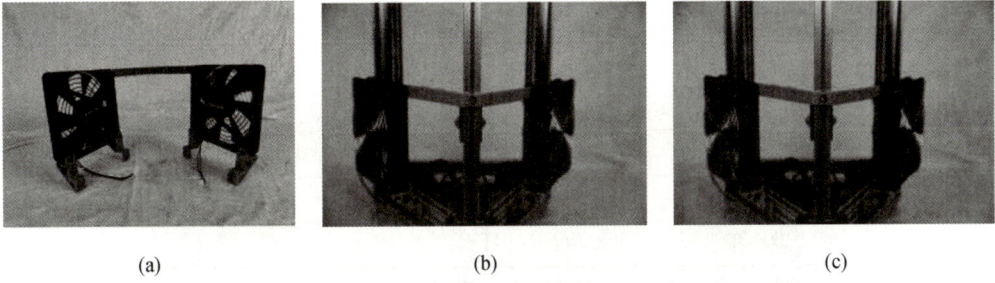

图 2-64　风扇模块安装

图 2-65　电源模块安装

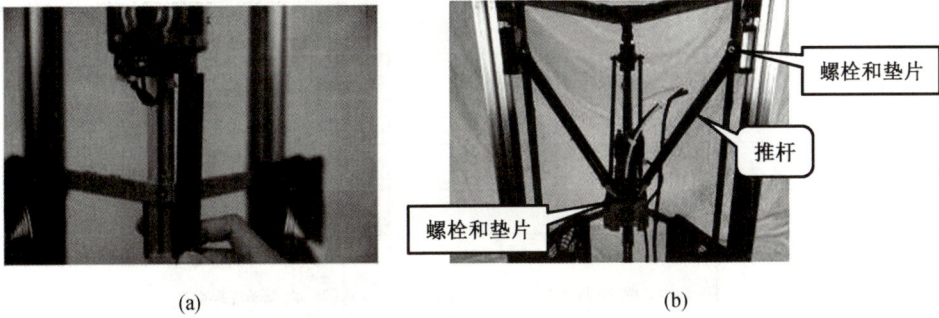

(a)　　　　　　　　　　　　　　　　　　　(b)

图 2-66　挤出机和打印头模块安装

(a)　　　　　　　　　　　　　　　　　　　(b)

图 2-67　打印头线和进丝电机线安装

（12）主板安装，如图 2-68 所示。

(a)

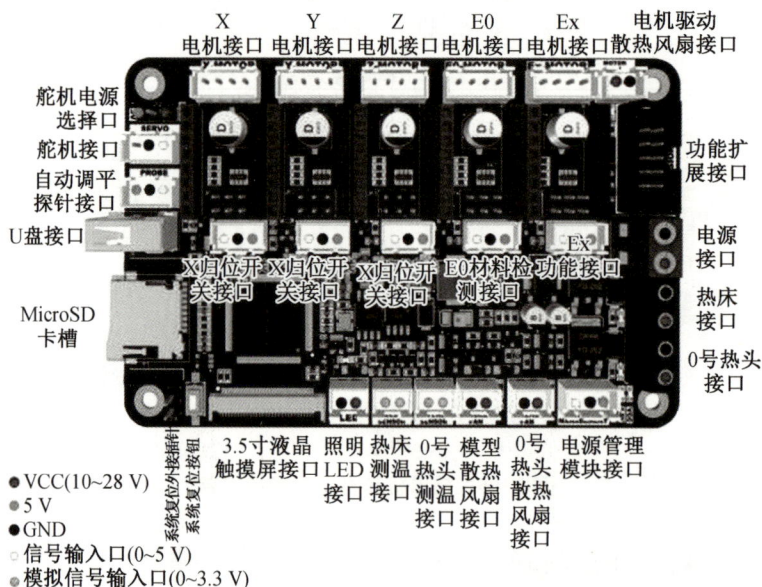

(b)

图 2-68　主板安装

（13）耗材导管安装，如图 2-69 所示。

2. 设备调试

模块安装完成后，为保证打印精度，需要对设备进行调试。

（1）归位

开启设备后，如图 2-70 所示，点击主界面 X、Y、Z 任意一个，设备归位；或者点击右下角图标进入功能界面，再点击图中所示图标，设备归位。

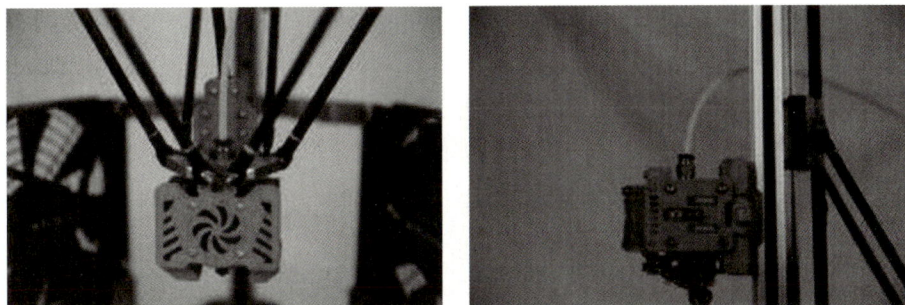

(a)　　　　　　　　　　　　　　　(b)

图 2-69　导管安装示意图

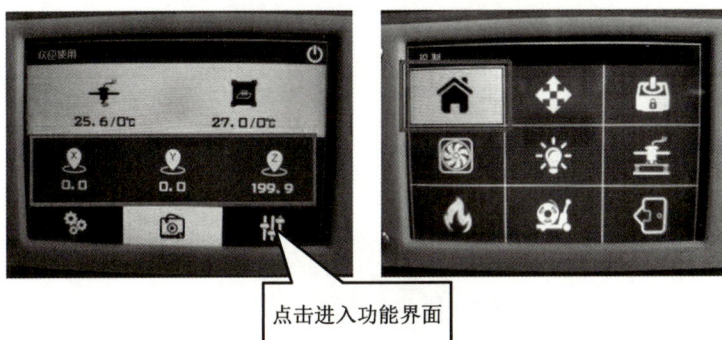

图 2-70　设备归位调试界面

（2）测距

如图 2-71 所示，使用钢直尺测量 X、Y、Z 三轴到喷嘴的距离。

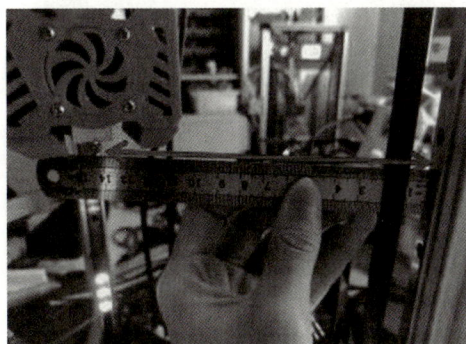

图 2-71　测距示意图

（3）调节

进入功能界面，点击图 2-72 中所示图标解除三轴锁定（图 2-72(a)），用手将打印头向下拉动，使用内六角扳手顺时针或逆时针拧转蓝色驱动装置上方的螺钉（图 2-72(b)），使 X、Y、Z 三轴到喷嘴的距离保持一致。

注：螺钉向上拧转为增加 X、Y、Z 三轴到喷嘴的距离，螺钉向下拧转为减少 X、Y、Z 三轴

到喷嘴的距离。

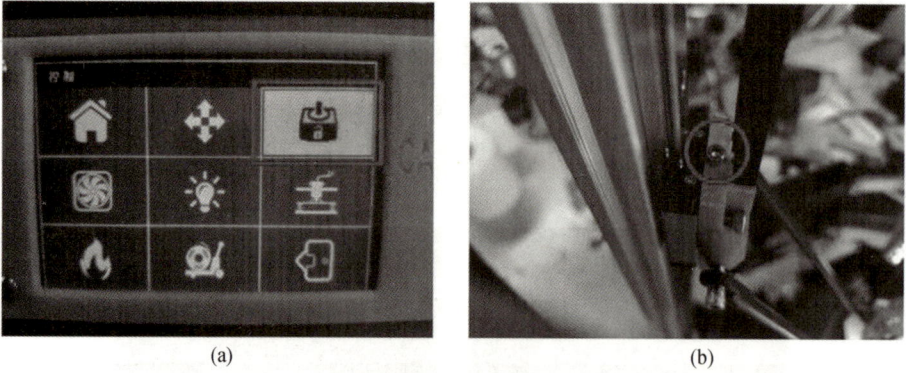

(a)　　　　　　　　　　　　(b)

图2-72　调节示意图

（4）再次测距

拧转螺钉后,再次将设备归位,测量 X、Y、Z 三轴到喷嘴的距离,循环以上操作,直至 X、Y、Z 三轴到喷嘴的距离一致。

（5）定点

如图2-73所示,拧转图中所示螺钉,使三个金属压片尽量与热床卡两侧持平,然后点击图中所示图标(图2-74),进入手动调平界面,然后点击中心点(图2-75),这时打印头会自动下降。

图2-73　拧转螺钉

图2-74　点击图标

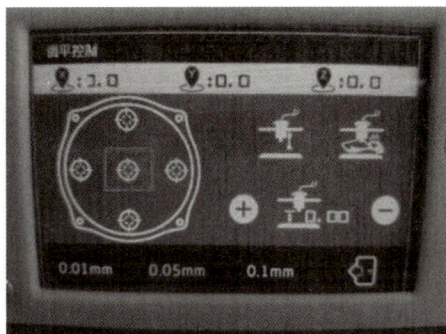

图 2-75 手动调平界面

（6）定高

观察喷嘴与热床之间的距离,通过"+"和"-",调整喷嘴与热床之间的距离,单次步进值选择"0.1 mm"（图 2-76）,先使喷嘴与热床贴合（图 2-77）,然后在此基础上使喷嘴抬升0.1 mm 或 0.2 mm（1 张 A4 纸的厚度约为 0.1 mm）,确保喷嘴与热床之间有 1 张 A4 纸的距离（图 2-78）。

注:"+"为打印头向上抬升;"-"为打印头向下下降。

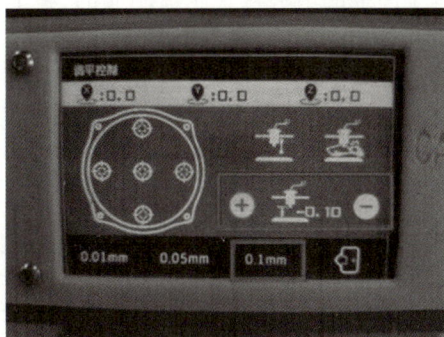

图 2-76 调整距离界面

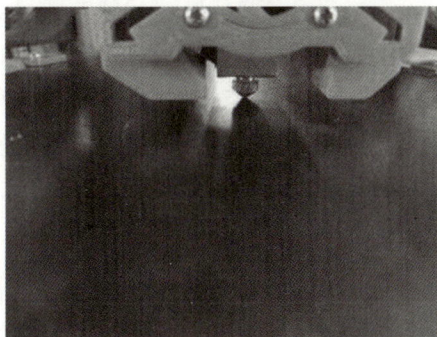

图 2-77 喷嘴与热床贴合

图 2-78　喷嘴抬升 0.1 mm

（7）改值

记住该数值 A，然后在调平界面将该数值 A 归为 0（图 2-79（a）），返回主界面，点击左下角图标进入设置界面（图 2-79（b）），点击"登录系统设置"（图 2-79（c）），点击"结构设置"（图 2-79（d）），点击"Delta 结构"（图 2-79（e）），点击"基本参数设置"（图 2-79（f）），点击"打印高度"（图 2-79（g）），在原打印高度的基础上增减打印高度，增减数值大小为调平界面数值 A。

注：若数值 A 为正，则减少；若数值 A 为负，则增加。

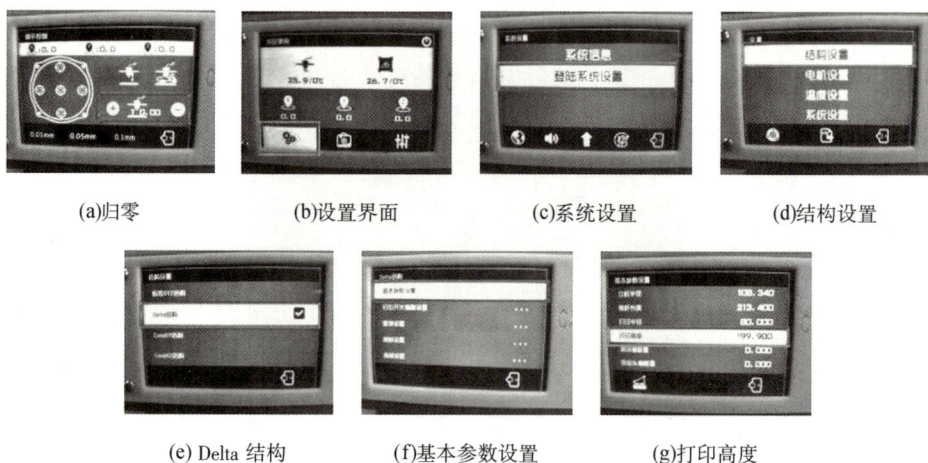

（a）归零　　　　（b）设置界面　　　　（c）系统设置　　　　（d）结构设置

（e）Delta 结构　　　　（f）基本参数设置　　　　（g）打印高度

图 2-79　改值流程

（8）检测

打印高度修改完成后，返回主界面，将设备归位，然后重新进入调平界面，点击中心点，检查打印高度是否修改成功。修改成功后，则可进行踩五点。

（9）调平

进入调平界面，先点击中心点，若高度合适，点击周围四点（图 2-80（a）），观察喷嘴与热床之间的距离，通过调节热床周围的三个金属压片调节喷嘴与热床之间的距离（图 2-80（b））。若距离过紧，则将金属压片往下压；若距离过松，则将金属压片往上抬。

注：若四点与热床之间的距离差距过大，可将热床盘拆卸下来，观察热床盘背面的保温棉是否有缺口，确保热床弹簧直接与热床盘接触，中间无保温棉阻隔。

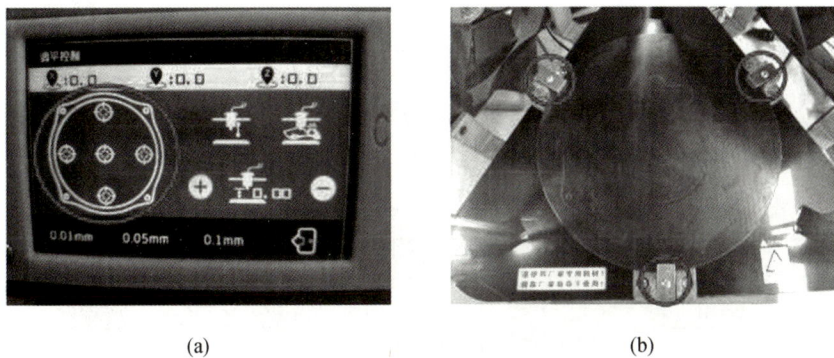

| (a) | (b) |

图 2-80　调平

（10）调精度

打印一个简单的规则几何体模型,模型打印完成后,通过游标卡尺测量模型尺寸,然后进入"基本参数设置",宽度有误差修改"立柱半径";高度有误差修改打印高度(图 2-81)。

注:宽度小加大减,高度小减大加,数值差多少改多少。

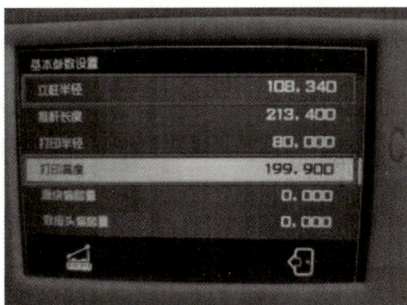

图 2-81　修改打印高度界面

知识点 4　FDM 打印机操作

FDM 打印机操作见表 2-3。

表 2-3　FDM 打印机操作

(点击快速预热热头) 热头温度/设定温度	(点击快速预热热头) 热头温度/设定温度
(点击 X 轴归位) X 轴定位值	(点击 Y 轴归位) Y 轴定位值	(点击 Z 轴归位) Z 轴定位值

归位:执行归位操作,使打印头回到原点位置

表 **2-3**(续 1)

	移动:控制各轴移动时,先选择所要控制的轴,选中的轴背景会变成主题颜色,之后选择移动挡位,系统有 3 个挡位可供选择,0.1 mm,1 mm,10 mm,中间圆圈内显示的是当前选择的挡位。 选择 E 时是控制挤出机挤出或者回抽操作,系统有 3 个挡位可供选择 0.1 mm,1 mm,10 mm,控制挤出机时每次操作,挤出机会相应地送入或者抽出耗材

	收起舵机		放下舵机

	释放/锁定电机:解锁电机或者锁住电机,使各轴可以自由拨动或者保持不动

	风扇:控制打印喷嘴散热风扇的开启与关闭

	灯光:控制用于打印照明的 LED 灯条的开启与关闭

  XYZ&CoreXY 机型调平　　Delta 机型调平	调平:使用手动调平打印平台时,可点击四个点将打印头移动到打印平台的四个点上,根据各个点来手动调整好打印平台与打印喷嘴之间的距离。 自动调平:可根据设置中设置好的参数自动检测出打印平台与打印喷嘴间的补偿值,使用软件实现调平目的

	微调喷头向上移动
	微调喷头向下移动

	PLA 预热:将打印头与热床的温度设定为设置的 PLA 预热温度,并开始加热打印头与热床 ABS 预热:将打印头与热床的温度设定为设置的 ABS 预热温度,并开始加热打印头与热床 自定义预热:将打印头与热床的温度设定为设置的自定义材料预热温度,并开始加热打印头与热床

	点击打印头 1 预热,可手动设置打印头 1 的温度,并开始加热打印头 1。
	点击打印头 2 预热,可手动设置打印头 2 的温度,并开始加热打印头 2。
	点击热床预热,可手动设置热床的温度,并开始加热热床

表 2-3(续 2)

更换耗材:点击中间打印头图标进行加热,待温度到达设置的温度后便可操作装载耗材或卸载耗材

① 开机后选择打印运行图标

② 选择打印文件的存储设备

③ 选择需要打印的 Gcode 文件

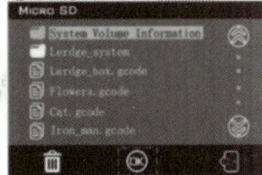

⑤ 开始打印文件模型

④ 若文件尚未打印完成且有保存打印进度,可继续上次打印

④ 确定开始打印该文件模型

08:36:打印已用时间(小时:分钟)　**Z**:Z 轴当前高度

:打印文件名　**86%**:打印进度百分比

热头温度/设定温度　　热床温度/设定温度

□停止打印　00▶暂停/继续打印　打印设置

速度倍率:修改打印时运行速度,可调整打印快慢。

挤出倍率:修改打印时挤出速度,可调整挤出快慢。

1 号热头温度:设置 1 号热头的温度。

2 号热头温度:设置 2 号热头的温度。

热床温度:设置打印热床的温度。

打印时上下微调 Z 轴的位置,每次调整步进为 0.05 mm。确保首层完美打印

灯光亮度:控制用于打印照明的 LED 灯条亮度比例。

风扇开度:控制喷嘴散热风扇的开度。

更换打印耗材:打印时更换打印耗材。

完成后关闭打印机:选择是否需要打印完模型后关机

知识点 5 打印材料介绍

如图 2-82 所示,FDM 技术是使用热塑性塑料作为耗材,将丝状耗材加热熔融挤出,通过控制喷头的移动使材料在平面内形成特定的形状,再由一层一层的平面进行层叠实现增材制造,目前常用的材料有 ABS 塑料和 PLA 塑料两种。

图 2-82 打印材料

1. ABS 塑料

ABS 塑料具有优良的综合性能,其强度、柔韧性、可加工性优异,并具有更高的耐高温性,是制造工程机械零部件的优选塑料。ABS 塑料的缺点是在打印过程中会产生气味,而且由于其冷收缩性,在打印过程中模型易与打印平板脱离。

ABS 塑料特点:

(1)ABS 塑料有高强度和高韧性。

(2)能承受比 PLA 塑料稍高的温度,约在 80 ℃。

(3)冷却的 ABS 比 PLA 更灵活有韧性一点。

(4)打印时会产生味道。

(5)ABS 不抗紫外线(UV),阳光照射会使得它分解缩小,因此请避免于阳光直射处运用。

ABS 塑料打印参数:

(1)喷嘴温度:220~260 ℃。

(2)加热板温度:95~110 ℃。

2. PLA 塑料

PLA 塑料是当前桌面式 3D 打印机使用最广泛的一种材料。PLA 塑料是生物可降解材料,使用可再生的植物资源(如玉米)所提取出的淀粉原料制成,具有强度高、收缩率极低、成型性能优秀、热成型尺寸稳定、层与层之间黏合性好以及良好的光泽性等优点,适用于吹塑、热塑等各种加工方法,且加工方便,应用十分广泛。

PLA 塑料特点:

(1)因其打印时无臭味(或者有淡淡甜味)且不易卷翘,PLA 塑料被广泛运用在各个领域。

(2)无须加热板,成品坚硬。

(3)PLA 塑料是可生物降解的环保型材料之一,由混合玉米淀粉和甘蔗衍生而成,符合食品级和生物分解的标准。

（4）有许多颜色可以选择。

PLA 塑料打印参数：

（1）喷嘴温度：190~230 ℃。

（2）加热板温度：0~75 ℃（无加热板可贴蓝色胶带）。

【自学自测】

学习领域	3D 打印技术		
学习情境 2	叶轮模型的 3D 打印	任务 2	叶轮打印成型
作业方式	小组分析，个人解答，现场批阅，集体评判		
1	FDM 3D 打印机的优势有哪些？		

作业解答：

2	3D 打印技术的成型原理是什么？

作业解答：

表（续）

3	3D 打印后处理环节中最关键的一个步骤是什么？

作业解答：

4	简述 3D 打印的分类。

作业解答：

班级		组别		组长签字	
学号		姓名		教师签字	
教师评分		日期			

【任务实施】

1. 打印前准备

模型打印前，需要准备打印文件、打印材料并对设备进行调试，以保证打印精度。在情境 1 任务 2 中，已经完成了对模型分层切片的参数设置，得到切片后的 Gcode 文件，将文件导入 U 盘后，开始设备调试。

（1）调平校准

调平校准不是每次都需要，打印机首次开始执行打印任务前或打印出现异常时需要进行校准。调整喷嘴与热床之间的距离，先使喷嘴与热床贴合，然后在此基础上使喷嘴抬升，确保喷嘴与热床之间有 1 张 A4 纸的距离，如图 2-83 所示。

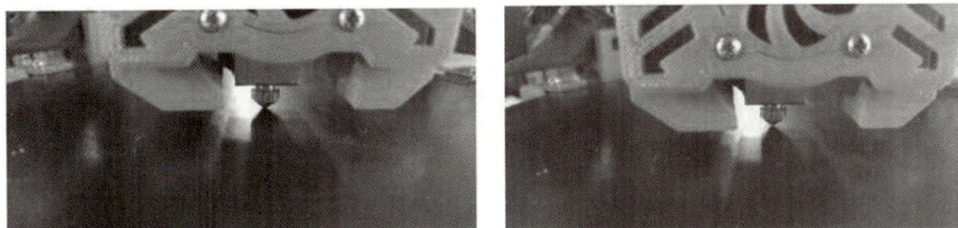

(a)喷嘴与热床贴合　　　　　　　　(b)喷嘴向上抬升0.1 mm距离

图2-83　打印机调平校准

（2）送丝装料

点击打印头图标，加热打印头到指定温度，设置温度为210 ℃，打印耗材安装到料架上，捏紧进丝机构进丝阀，将耗材自下而上穿过进丝机构一直穿到打印头内，直到打印嘴有耗材挤出为止，将耗材卡在理线器里，完成送丝工作，如图2-84所示。

(a)耗材架　　　　　　　　(b)装耗材　　　　　　　　(c)理线器装丝送丝

图2-84　送丝装料

2.打印成型

（1）打开打印机底部的电源开关（图2-85），打印机喷头处风扇转动，LCD显示屏点亮，打印机开始正常工作。

图2-85　打印机开关示意图

（2）将U盘插入打印机显示屏左边的U盘口内，如图2-86所示。

（3）点击打印文件选择菜单，进入盘符选择页，如图2-87所示。

（4）点击"U盘打印"进入文件选择页。

图 2-86　U 盘插入口

图 2-87　进入界面

（5）点击上下选择要打印的文件，点击"ok"进入确认页，如图 2-88 所示。

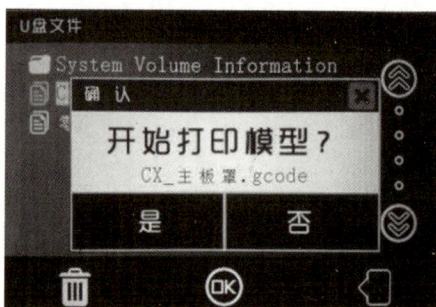

图 2-88　选择文件开始打印

（6）点击"是"进行打印。正在打印界面如图 2-89 所示。

图 2-89　模型打印中的界面显示

（7）模型打印完毕后，取下打印好的模型，如图2-90所示。

图2-90 模型打印完成

【叶轮的3D打印工作单】

计划单

学习情境2	叶轮模型的3D打印		任务2	叶轮打印成型	
工作方式	组内讨论、团结协作共同制定计划，小组成员进行工作讨论，确定工作步骤		计划学时	0.5学时	
完成人	1.　　　2.　　　3.　　　4.　　　5.　　　6.				

计划依据:1.　　　　　　　;2.

序号	计划步骤	具体工作内容描述
1	准备工作（准备图纸、材料、模型、机器、工具，谁去做?）	
2	组织分工（成立组织，人员具体都完成什么工作?）	
3	制定方案（设计→数据处理→机器调试→打印→后处理，各阶段重点是什么?）	
4	制作过程（打印前准备，打印过程注意要点，成型件后处理、零件检测。）	
5	整理资料（谁负责? 整理什么内容?）	
制定计划说明	（对各人员完成任务提出可借鉴的建议或对计划中的某一方面做出解释）	

决策单

学习情境 2	叶轮模型的 3D 打印	任务 2	叶轮打印成型
决策学时		0.5 学时	

决策目的:叶轮 3D 打印各环节流程方案对比分析,比较加工质量、加工时间、加工成本等

	成员	方案的可行性 (数据质量)	参数的合理性 (采集时间)	加工的经济性 (测量成本)	综合评价
工艺方案 对比	1				
	2				
	3				
	4				
	5				
	6				

决策评价	结果:(将自己的加工方案与组内成员的加工方案进行对比分析,对自己的工艺方案进行修改并说明修改原因,最后确定一个最佳方案)

检查单

学习情境2	叶轮模型的3D打印		任务2		叶轮打印成型	
评价学时			课内0.5学时		第　　组	
检查目的及方式	在加工过程中,教师对小组的工作情况进行监督、检查,如检查等级为不合格,则小组需要整改,并拿出整改说明					

序号	检查项目	检查标准	检查结果分级 (在检查相应的分级框内划"√")				
			优秀	良好	中等	合格	不合格
1	准备工作	资源是否已查到,材料是否准备完整					
2	分工情况	安排是否合理、全面,分工是否明确					
3	工作态度	小组工作是否积极主动,是否为全员参与					
4	纪律出勤	是否按时完成负责的工作内容、遵守工作纪律					
5	团队合作	是否相互协作、互相帮助,成员是否听从指挥					
6	创新意识	任务完成是否不照搬照抄,看问题是否具有独到见解与创新思维					
7	完成效率	工作单是否记录完整,是否按照计划完成任务					
8	完成质量	工作单填写是否准确,流程环节、参数设置、成型件质量是否达标					

检查 评语		教师签字:

【任务评价】

小组工作评价单

学习情境2	叶轮模型的3D打印		任务2		叶轮打印成型	
评价学时			课内0.5学时			
班级			第　组			
考核情境	考核内容及要求	分值（100）	小组自评（10%）	小组互评（20%）	教师评价（70%）	实际得分
汇报展示（20分）	演讲资源利用	5				
	演讲表达和非语言技巧应用	5				
	团队成员补充配合程度	5				
	时间与完整性	5				
质量评价（40分）	工作完整性	10				
	工作质量	5				
	报告完整性	25				
团队意识（25分）	核心价值观	5				
	创新性	5				
	参与率	5				
	合作性	5				
	劳动态度	5				
安全文明（10分）	工作过程中的安全保障情况	5				
	工具正确使用和保养、放置规范	5				
工作效率（5分）	能够在要求的时间内完成，每超时5分钟扣1分	5				

小组成员素质评价单

学习情境2	叶轮模型的3D打印	任务2		叶轮打印成型		
班级		第　组	成员姓名			
评分说明	每个小组成员评价分为自评分和小组其他成员评分两部分,取平均值,作为该小组成员的任务评价个人分数。评分项目共计5个,依据评分标准给予合理量化打分。小组成员自评分后,要找小组其他成员以不记名方式评分					

评分项目	评分标准	自评分	成员1评分	成员2评分	成员3评分	成员4评分	成员5评分
核心价值观(20分)	有无违背社会主义核心价值观的思想及行动						
工作态度(20分)	是否按时完成负责的工作内容、遵守纪律,是否积极主动参与小组工作,是否全过程参与,是否吃苦耐劳,是否具有工匠精神						
交流沟通(20分)	能否良好地表达自己的观点,能否倾听他人的观点						
团队合作(20分)	是否与小组成员合作完成任务,做到相互协作、互相帮助、听从指挥						
创新意识(20分)	看问题能否独立思考、提出独到见解,能否利用创新思维解决遇到的问题						
小组成员最终得分							

【课后反思】

学习情境 2	叶轮模型的 3D 打印	任务 2	叶轮打印成型
班级	第　　组	成员姓名	
情感反思	通过对本次任务的学习和实训,你认为自己在社会主义核心价值观、职业素养、学习和工作态度等方面有哪些需要提高的部分?		
知识反思	通过对本次任务的学习,你掌握了哪些知识点?请画出思维导图。		
技能反思	在完成本次任务的学习和实训过程中,你主要掌握了哪些技能?		
方法反思	在完成本次任务的学习和实训过程中,你主要掌握了哪些分析和解决问题的方法?		

【课后作业】

一、单项选择题

1.3D 打印文件的格式是 ( )

A. sal   B. stl   C. sae   D. rat

2.3D 打印机中,精度最高、效率最高、售价也相对最高的是 ( )

A. 工业级 3D 打印机   B. 个人级 3D 打印机

C. 桌面级 3D 打印机   D. 专业级 3D 打印机

2. 以下关于 3D 打印技术的描述,不正确的选项是 ( )

A.3D 打印是一种以数字模型文件为根底,通过逐层打印的方式来构造物体的技术

B.3D 打印起源于 20 世纪 80 年代, 至今不过四十多年的历史

C.3D 打印多用于工业领域,尼龙、石膏、金属、塑料等材料均能打印

D.3D 打印为快速成型技术,打印速度格外快速,成型往往仅需几分钟的时间

3. 以下哪种产品仅使用 3D 打印技术无法制作完成 ( )

A. 首饰   B. 手机   C. 服装   D. 义齿

4. 市场上常见的 3D 打印机所用的打印材料直径为 ( )

A.1.75 mm 或 3 mm   B.1.85 mm 或 3 mm

C.1.85 mm 或 2 mm   D.1.75 mm 或 2 mm

5. 以下哪种 3D 打印技术在金属增材制造中使用最多 ( )

A. SLM   B. SLA   C. FDM   D. 3DP

二、操作题

扫描下方二维码,获取模型数据,根据模型特征完成参数调整,并使用打印机将模型打印出来。

3D 打印外门锁   花瓶   零件

学习情境 3　脚轮的 3D 打印

【学习指南】

【情境导入】

　　脚轮广泛应用于各种物料搬运工具、平台车、输送系统等。作为移动装置的关键组成部分,通过选择合适的轮胎材料和结构设计,可以降低运输阻力、提高操控性和承载能力,从而提高工作效率。

　　某脚轮生产厂家设计部门接到一项对脚轮产品进行优化设计的研发任务,脚轮主要由旋转轴、滚轮、架体等组成。设计人员在完成脚轮的设计研发后,应用 3D 打印技术快速生产模型,辅助产品方案评估。需要根据设计零件图纸要求,完成三维模型的建立,并且运用正确的方法与适合的材料打印出相应模型实体,对产品装配结构、形状、尺寸进行验证,确保符合生产要求。

【学习目标】

知识目标:

1.能够完整阐述激光烧结技术(SLS)的模型成型原理、特点和打印流程;

2.能理解激光烧结技术系统的组成;

3.能合理指出模型特征,并规划打印流程;

4.准确陈述出 3D 打印机操作界面中的基础命令和使用方法。

能力目标:

1.能正确设置打印工艺参数、打印机的打印参数;

2.熟练操作打印机制作模型;

3.根据模型要求,选择合适的方法,完成制作件的后处理;

4.能够使用 Cura 软件对模型合理设置切片。

素质目标:

1.培养学生树立质量意识和操作规范;

2.具备与他人合作的团队精神和责任意识;

3.提升学生探索新技术和创新的意识;

4.培养学生的自学能力、概括能力。

【工作任务】

任务1　脚轮模型设计与数据处理　　　参考学时:课内4学时(课外8学时)

任务2　脚轮3D打印流程　　　　　　　参考学时:课内4学时(课外8学时)

任务1　脚轮模型设计与数据处理

【任务工单】

学习情境3	脚轮的3D打印	任务1	脚轮模型设计
任务学时		4学时(课外8学时)	
布置任务			
任务目标	1.能够根据图纸绘制三维模型; 2.能够根据零件建模装配成组件; 3.能够根据打印要求合理调整设计方案		
任务描述	根据工作人员给的二维设计图纸,应用建模软件,绘制出如图3-1所示的一套脚轮模型,并进行装配验证,通过验证后才能量产。 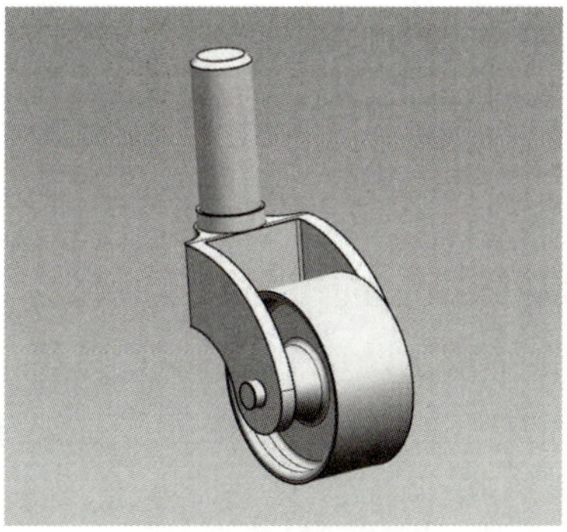 图3-1　脚轮模型 请根据要求完成以下任务: 1.设计脚轮组件中的各个零部件; 2.完成零件三维模型绘制; 3.对各三维零件模型进行装配并进行干涉检查		
学时安排	资讯 1学时	计划 0.5学时	决策 0.5学时	实施 1学时	检查 0.5学时	评价 0.5学时

表(续)

提供资源	1.零件二维图文件； 2.计算机、软件； 3.课程标准、多媒体课件、教学演示视频及其他共享数字资源
对学生学习及成果的要求	1.能利用 UG 软件进行三维零件建模； 2.能够根据已完成的三维零件进行装配； 3.能够根据装配组件进行干涉检查；
对学生学习及成果的要求	4.能够根据已完成的零件进行优化设计； 5.严格遵守课堂纪律,学习态度认真、端正,能够正确评价自己和同学在本任务中的素质表现； 6.必须积极参与小组工作,根据组长分配的任务,承担各自模型设计,设计完成后与小组成员合作完成装配验证； 7.需独立或在小组同学的帮助下完成任务工作单并提请检查、签认,对提出的建议或有错误务必及时修改； 8.每组必须完成任务工作单,并提请教师进行小组评价,小组成员分享小组评价分数或等级； 9.完成任务反思,以小组为单位提交

【课前自学】

知识点 1　UG 界面文件基础操作

1. UG 软件介绍

UG 软件是美国 UGS(Unigraphics Solutions)公司产品,是集 CAD/CAE/CAM 于一体的三维参数化软件。它集合了概念设计、工程设计,分析与加工制造的功能,实现了优化设计与产品生产过程的组合,被广泛应用于机械、汽车、航空航天、家电以及化工等各个行业。

UG 具有强大的实体造型、曲面造型、虚拟装配及创建工程图等功能。可以使用 CAE 模块进行有限元分析、运动学分析和仿真模拟,以提高设计的可靠性,根据建立起的三维模型,还可由 CAE 模块直接生成数控代码,用于产品加工。

2. UG 操作与功能介绍

(1)软件启动

双击桌面快捷方式进入 UG NX10.0 软件启动界面,或者单击桌面左下角的开始菜单,选择"Siemens NX10.0"→"NX10.0",打开 UG NX10.0 软件启动界面,如图 3-2 所示。

(2)新建文档

根据任务需要选择新建或打开一个部件文件,单击快速访问工具条里的新建按钮或在选项卡中选择"文件"→"新建"命令,打开"新建"对话框,如图 3-3 所示。为新建部件指定测量单位,输入新的文件名称和指定存储路径,单击"确定"按钮,完成新部件的创建。

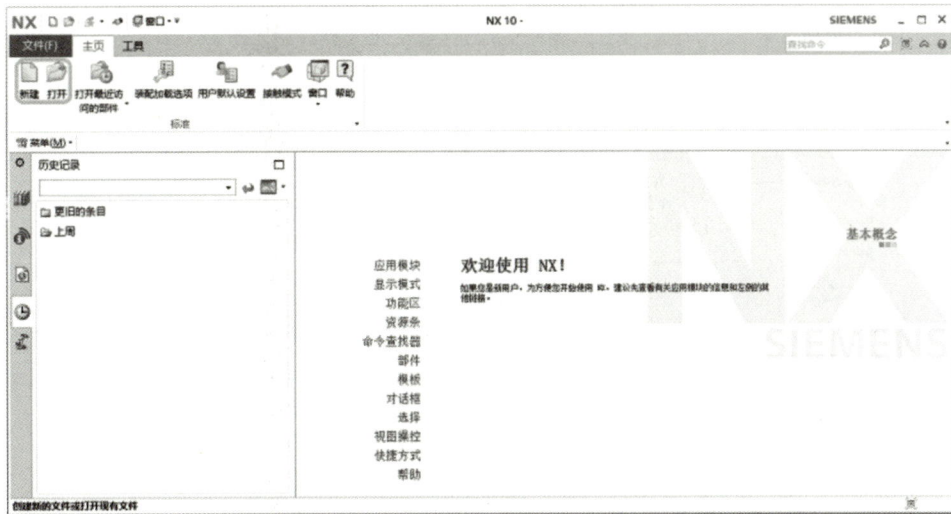

图 3-2　UG NX10.0 软件启动界面

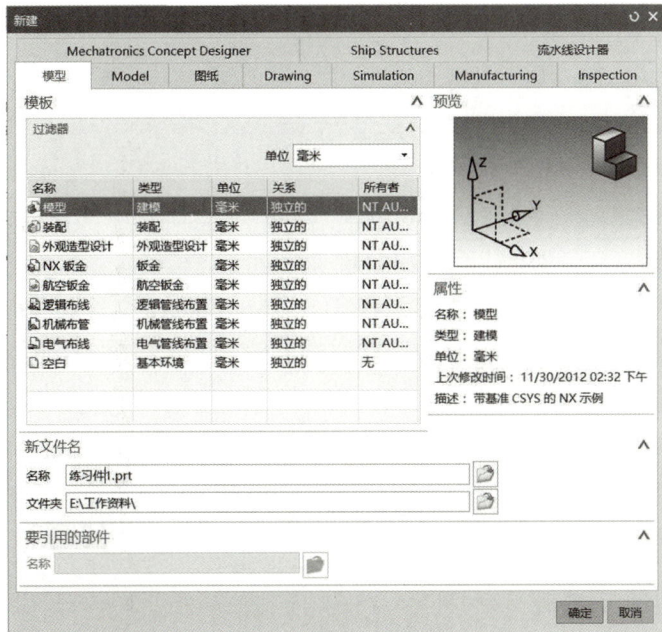

图 3-3　新建对话框

（3）界面认知

UG NX10.0 布局是按功能区的形式划分工作界面的,由快速访问工具条、标题栏、选项卡、功能区选项、菜单、资源条选项、提示行/状态行、工作区等组成,如图 3-4 所示。

在工具按钮区域,点击相应按钮可打开设置工具栏对话框;在绘图区空白处,显示常用显示、筛选命令;在几何特征上,呈现常用特征操作命令。长按右键,显示渲染快捷命令;单击中键,相当于"确认"命令;转动滚轮,相当于视图"缩放"命令;按住中键并拖动,相当于视图"旋转"命令;中键+右键并拖动,相当于视图"平移"命令;中键+左键并拖动,相当于视图"缩放"命令。

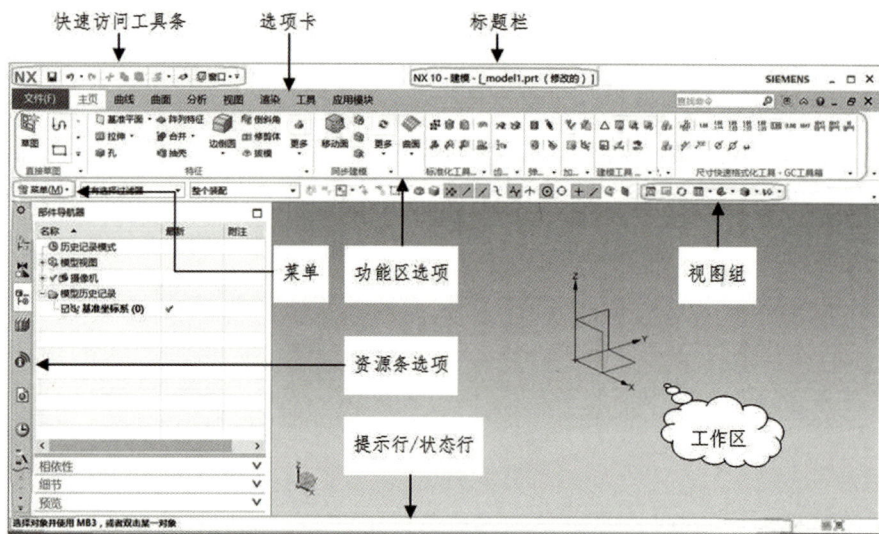

图 3-4　UG NX10.0 工作界面组成

键盘操作如下：

文件(F)—新建(N)　Ctrl+N

文件(F)—打开(O)　Ctrl+O

文件(F)—保存(S)　Ctrl+S

编辑(E)—选择(L)—全选(A)　Ctrl+A

编辑(E)—隐藏(B)—隐藏(B)　Ctrl+B

编辑(E)—隐藏(B)—互换显示与隐藏(R)　Ctrl+Shift+B

编辑(E)—隐藏(B)—显示部件中所有的(A)　Ctrl+Shift+U

编辑(E)—变换(N)　Ctrl+T

编辑(E)—对象显示(J)　Ctrl+J

刷新(S)　F5

适合窗口(F)　Ctrl+F

知识点 2　草图绘制基础

1.直线草图的绘制

在"草图工具"中点击图标,选择"直线"命令,弹出图 3-5 所示的"直线"对话框,点击鼠标,绘制直线。

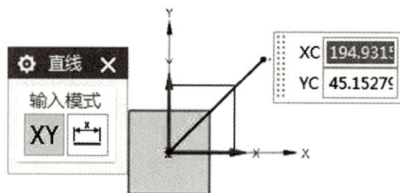

图 3-5　直线命令

2. 矩形草图的绘制

在"草图工具"中点击图标,打开"矩形"对话框。创建矩形主要分为"指定两点画矩形""指定三点画矩形"以及"指定中心画矩形"三种方法,如图3-6所示。

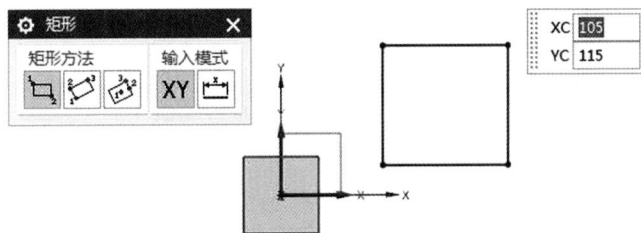

图3-6　矩形命令

3. 圆草图的绘制

在"草图工具"中点击相应图标,将弹出"圆"对话框。创建圆轮廓主要可通过"圆心及直径"和"指定三点"两种方式,如图3-7所示。

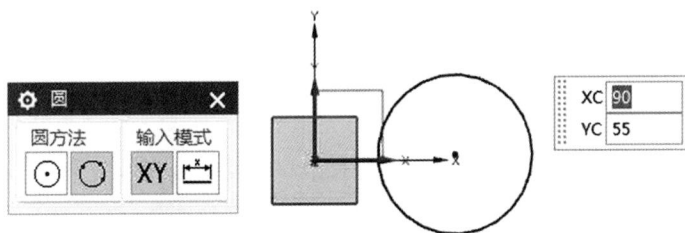

图3-7　圆命令

4. 圆角过渡草图编辑

利用"圆角"命令,可以在两条或三条曲线之间倒圆角,包括"修剪倒圆角""不修剪倒圆角"和"删除第三条曲线倒圆角"三种方法,如图3-8所示。

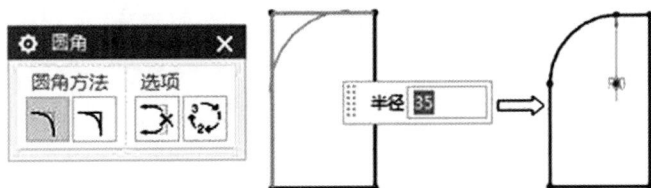

图3-8　圆角过渡命令

5. 倒斜角草图编辑

利用"倒斜角"命令,可以在两条曲线之间倒斜角,包括对称倒斜角、非对称倒斜角、偏置和角度倒斜角三种方法,如图3-9所示。

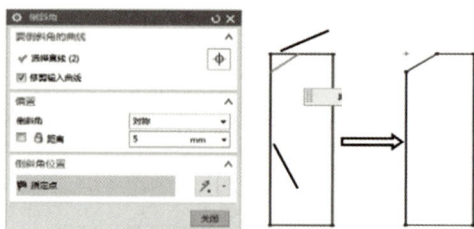

图 3-9　倒斜角命令

6. 制作拐角草图编辑

利用"制作拐角"命令,可以将两条曲线之间的尖角连接。长的部分自动裁掉,短的部分自动延伸,如图 3-10 所示。

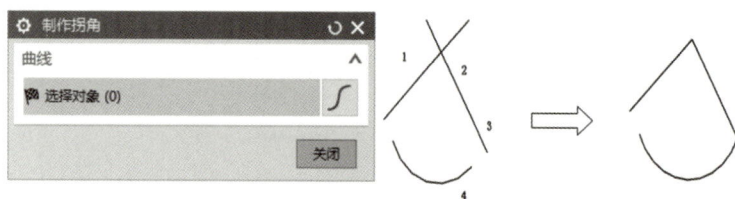

图 3-10　制作拐角命令

7. 快速修剪草图编辑

利用"快速修剪"命令,可以以任一方向将曲线修剪至最近的交点或选定的边界,主要有"单独修剪""统一修剪"和"边界修剪"三种修剪方法,如图 3-11 所示。

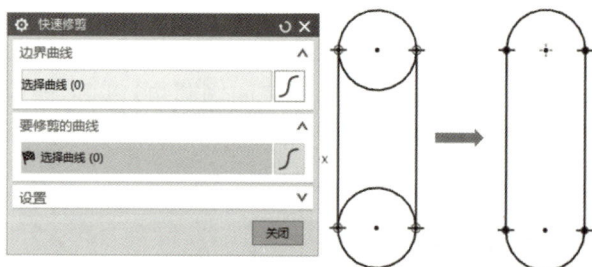

图 3-11　快速修剪命令

8. 快速延伸草图编辑

利用"快速延伸"命令,可以将草图元素延伸到另一临近曲线或选定的边界线处。"快速延伸"工具与"快速修剪"工具的使用方法相似,主要有"单独延伸""统一延伸"和"边界延伸"三种方法,如图 3-12 所示。

9. 派生直线

派生直线(图 3-13)有三个用途:

(1)创建某一直线的平行线;

(2)创建某两条平行直线的平行且平分线;

· 186 ·

（3）创建某两条不平行直线的角平分线。

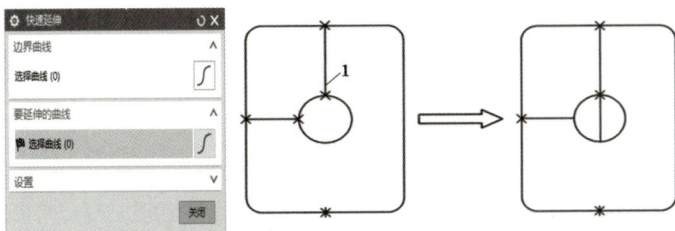

图 3-12　快速延伸命令

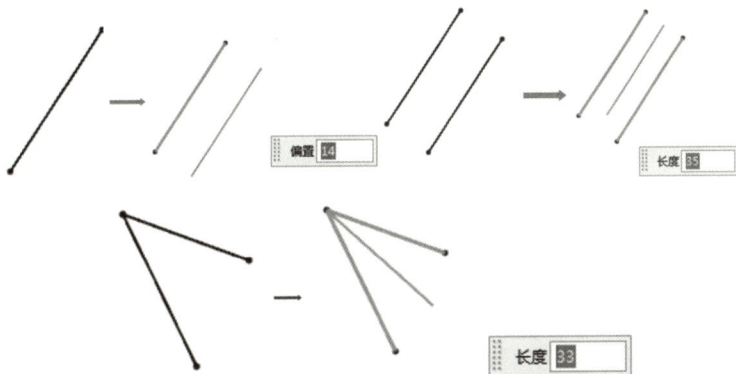

图 3-13　派生直线

10. 偏置曲线

偏置曲线是指对草图平面内的曲线或曲线链进行偏置,并对偏置生成的曲线与原曲线进行约束。偏置曲线与原曲线具有关联性,即对原曲线进行编辑修改,所偏置的曲线也会自动更新。如图 3-14 所示。

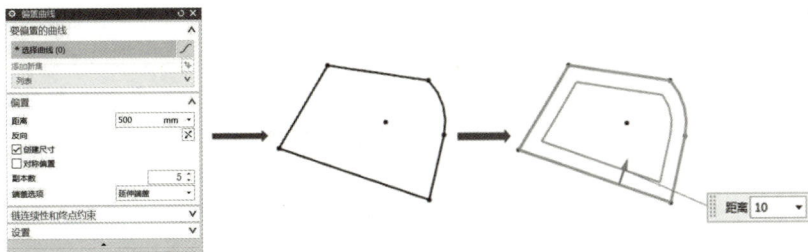

图 3-14　偏置曲线

11. 阵列曲线

阵列曲线是指将草图几何对象以某一规律复制成多个新的草图对象。阵列的对象与原对象形成一个整体,当草图自动创建尺寸、自动判断约束时,对象与原对象保持相关性。阵列曲线的布局形式主要有三种:线性阵列、圆形阵列、常规阵列。如图 3-15 所示。

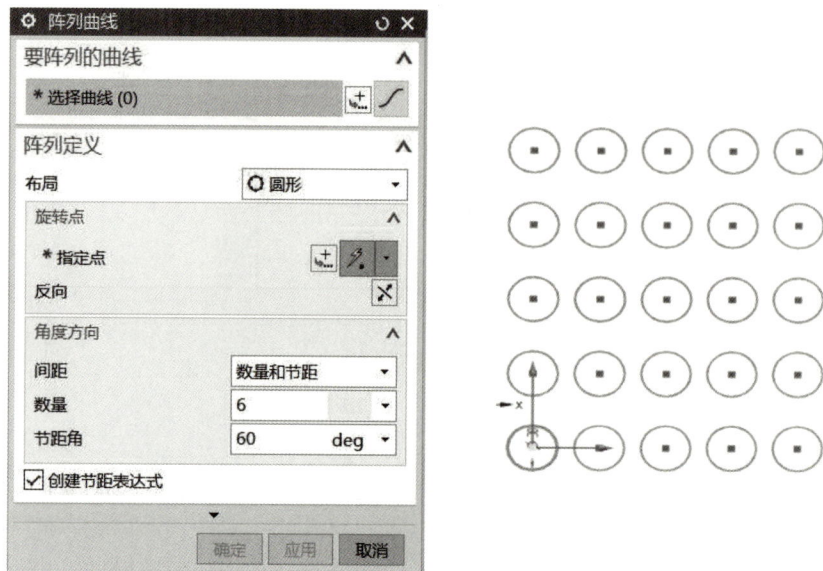

图 3-15　阵列曲线

知识点 3　草图的约束

1. 尺寸约束

草图的尺寸约束效果相当于对草图进行标注,但是除了可以根据草图的尺寸约束看出草图元素的长度、半径、角度外,还可以利用草图各点处的尺寸约束对草图元素的大小、形状进行限制或约束。单击"草图工具"图标,弹出"快速尺寸"对话框,如图 3-16 所示。

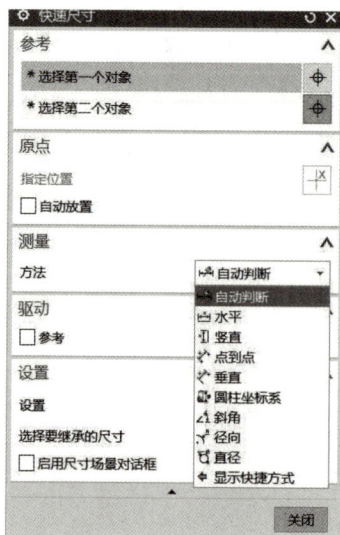

图 3-16　快速尺寸

在"测量方法"下拉列表中提供了 9 种约束类型,各种约束类型及作用如下。

(1)自动判断的尺寸:根据鼠标指针的位置自动判断尺寸约束类型(该功能用得

最多)。

(2) ⊞水平:约束 XC 方向数值。

(3) ⫟竖直:约束 YC 方向数值。

(4) ↗点到点:约束两点之间的距离。

(5) ↗垂直:约束点与直线之间的距离。

(6) ⊞圆柱坐标系:约束草图曲线元素的总长。

(7) △斜角:约束两条直线的夹角度数。

(8) ⨯直径:约束圆或圆弧的直径。

(9) ↗径向:约束圆或圆弧的半径。

2.几何约束

(1)几何约束类型。在草图工具栏中单击几何约束图标,选取视图区创建几何约束的对象后,即可进行有关的几何约束操作,几何约束的主要类型如下:

①⊥固定:将草图对象固定到当前所在的位置。一般在几何约束的开始,需要利用该约束固定一个元素作为整个草图的参考点。

②⊕完全固定:添加该约束后,所选取的草图对象将不再需要任何约束。

③↗重合:定义两个或两个以上的点互相重合,这里的点可以是草图中的点对象,也可以是其他草图对象的关键点(端点、控制点、圆心等)。

④◎同心:定义两个或两个以上的圆弧或椭圆弧的圆心相互重合。

⑤‖共线:定义两条或多条直线共线。

⑥⊢中点:定义点在直线或圆弧的中点上。

⑦━水平:定义直线为水平直线,即与草图坐标系 XC 轴平行。

⑧▮竖直:定义直线为竖直线,即与草图坐标系 YC 轴平行。

⑨∥平行:定义两条曲线相互平行。

⑩⊥垂直:定义两条曲线相互垂直。

⑪⊘相切:定义两个草图元素相切。

⑫=等长:定义两条或多条曲线等长。

⑬=等半径:定义两个或两个以上的圆弧或圆半径相等。

⑭↔定长:定义选取的曲线元素的长度是固定的。

⑮⊿定角:定义一条或多条直线与坐标系的角度是固定的。

⑯⌒曲线的斜率:定义样条曲线过一点与一条曲线相切。

⑰⊕均匀比例:定义样条曲线的两个端点在移动时,保持样条曲线的形状不变。

⑱↔非均匀比例:定义样条曲线的两个端点在移动时,样条曲线形状发生改变。

⑲▮点在曲线上:定义选取的点在某条曲线上,该点可以是草图的点对象或其他草图

元素的关键点(如端点、圆心)。

⑳对称:定义对象间彼此成对称关系,该约束由"对称"命令产生。

(2)添加几何约束

几何约束的添加方法有两种:自动判断和手动施加。

①自动约束

自动约束是由系统对草图元素相互间的几何位置关系自动进行判断,并自动添加到草图对象上的约束方法。自动约束主要用于所需添加约束较多,并且已经确定位置关系的草图元素,或利用工具直接添加到草图中的几何元素。

②手动约束

a.单击"草图工具"图标;

b.选取要约束的草图对象,弹出"约束"工具栏;

c.选择所需要的约束类型,完成自动约束操作。

③显示所有约束

当草图中的约束过多时,单独观察一个或一部分约束往往不能清楚地发现草图中各元素间的整体约束关系。此时,可以利用"显示所有约束"工具对其进行观察,单击"显示所有约束"图标,系统将同时显示草图所有约束。如图 3-17 所示。

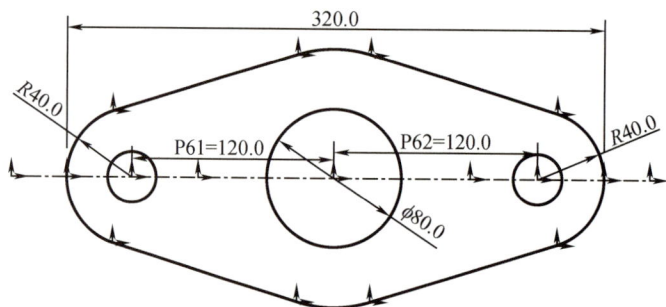

图 3-17　显示所有约束

④显示/移除约束

利用"显示/移除约束"工具可以显示与选定草图几何图形关联的几何约束,并移除选定的约束或列出信息。

知识点 4　绘制草图的命令

1.轮廓线草图的绘制

轮廓命令用于创建一系列连续的直线和圆弧,而且前一条曲线的终点将变为下一条曲线的起点。

2.圆弧草图的绘制

在"草图工具"中单击图标,打开"圆弧"对话框,如图 3-18 所示。同样,创建圆弧轮廓主要有"指定圆弧中心与端点"和"指定三点"两种方法。

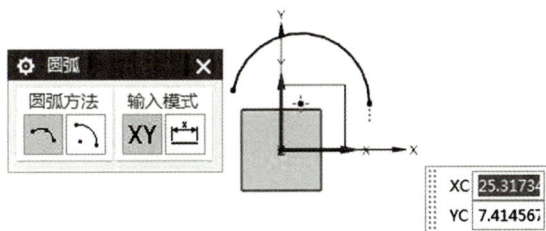

图 3-18　圆弧草图绘制

3.转换至/参考对象

转换至/参考对象是将某个草图中的曲线转成参考线,草图转成参考线后,不参与实体特征造型,如图 3-19 所示。

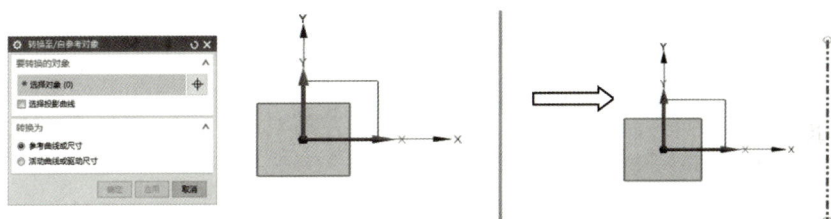

图 3-19　转换至/参考对象

4.多边形的草图绘制

在"草图工具"中单击图标,打开"多边形"对话框。创建多边形主要有"指定中心点、边数、内切圆半径和旋转角度""指定中心点、边数、外接圆半径和旋转角度"和"指定中心点、边数、边长和旋转角度"三种方法,如图 3-20 所示。

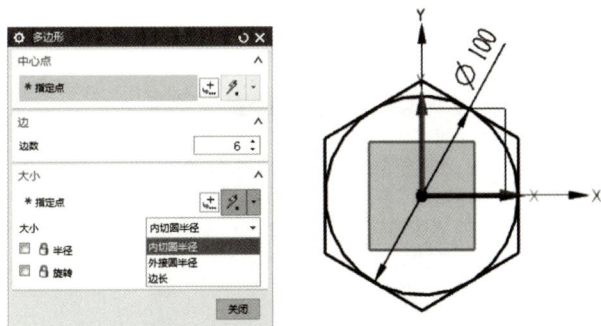

图 3-20　多边形的草图绘制

5.椭圆和椭圆弧的草图绘制

在"草图工具"中单击图标,打开"椭圆"对话框。创建椭圆主要有"指定点、大半径、小半径"等参数设置,如图 3-21 所示。

6.镜像曲线

镜像曲线是指将草图几何对象以指定的一条直线为对称中心线,镜像复制成新的草图对象。镜像的对象与原对象形成一个整体,并且保持相关性。如图 3-22 所示。

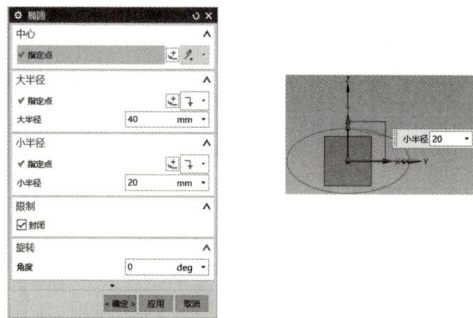

图 3-21　椭圆和椭圆弧的草图绘制

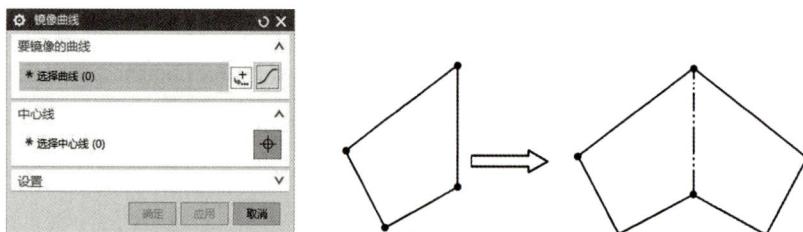

图 3-22　镜像曲线

知识点 5　拉伸特征建模

拉伸建模是将草图或二维曲线对象沿所指定的方向拉伸到某一指定的位置所形成的实体。

单击"插入"→"设计特征"→"拉伸"选项,系统弹出"拉伸"对话框,如图 3-23 所示。首先在绘图区选择要拉伸的曲线,此时输入数值,系统自动生成拉伸预览。

图 3-23　拉伸界面

（1）"拉伸"对话框中各主要选项含义

①自动判断的矢量：用来确定拉伸方向。

②布尔：选择拉伸操作的运算方法，包括创建、求和、求差和求交运算。

③限制：包括是否对称拉伸、起始和结束值的定义。在"起始"或者"结束"下拉列表框中，可以定义起始或结束拉伸方式为"值""对称值""直至下一个""直至选定对象""直至被延伸"以及"贯通"，当选择起始或者结束类型为数值型时，需要输入起始或者结束的值，单位为毫米。

④偏置：包括起始和结束偏置值的设置，以及偏置方式设置。其中偏置方式包括双边、单边和对称的。

⑤拔模角：用于设置类型与角度，其中"类型"下拉列表框包括"从起始限制""从截面""从截面‑不对称角""从截面‑对称角"和"从截面匹配的终止处"5个选项。

⑥预览：UG NX8提供了对拉伸成型前的预览功能，对于拉伸对象的选择，可以直接在图形界面中选择，系统会根据所选对象自动确定拉伸对象。

（2）用于拉伸的对象

①实体面：选取实体的面作为拉伸对象。

②实体边缘：选取实体的边作为拉伸对象。

③曲线：选取曲线或草图的部分线串作为拉伸对象。

④成链曲线：选取相互连接的多段曲线的其中一条，就可以选择整条曲线作为拉伸对象。

⑤片体：选取片体作为拉伸对象。

知识点6　旋转特征建模

旋转建模是将草图或二维曲线对象，绕所指定的轴线方向及指定点旋转一定的角度而形成的实体或片体。

单击"插入"→"设计特征"→"回转"命令或单击"特征"工具栏中的"旋转"图标，系统弹出"回转"对话框，如图3‑24所示。

回转操作一般步骤：

①选择要回转的曲线、边、面或片体。

②在"开始"数值框设置对象进行回转时的起始角度。

③在"结束"数值框设置对象进行回转时的结束角度。

④指定某一曲线或在"自动判断的矢量"中选择某一矢量作为回转轴。

⑤指定旋转的基点位置（基点位置不同，即使旋转轴和母线相同，旋转后的实体也不同；当旋转的基点位于旋转轴上，旋转得到的是实心体，否则为空心体），单击"确定"即可。

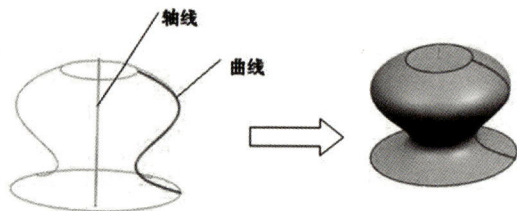

图 3-24　旋转对话框及应用

【自学自测】

学习领域	3D 打印技术		
学习情境 3	脚轮的 3D 打印	任务 1	脚轮模型设计与数据处理
作业方式	小组分析,个人解答,现场批阅,集体评判		
1	草绘制图中约束条件有哪些?		

作业解答:

2	拉伸特征建模中布尔运算有哪些?

作业解答:

续表

3	旋转特征建模需要哪些草图要素？

作业解答：

作业评价：

班级		组别		组长签字	
学号		姓名		教师签字	
教师评分		日期			

【任务实施】

根据模型设计要求,利用 UG 软件,完成脚轮模型各部分零件设计,并按照要求导出相应格式的实体文件。

1. 滚轮模型设计

点击"文件"→"新建"命令绘制出滚轮截面二维图形,点击"菜单"→"插入"→"设计特征"→"旋转"命令绘制滚轮截面草图,绘制草图结束,点击"确定"完成滚轮模型绘制,如图 3-25 所示。

2. 旋转轴模型绘制

点击"菜单"→"插入"→"设计特征"→"旋转"命令绘制轴截面草图,完成旋转轴绘制,如图 3-26 所示。

3. 脚轮架体绘制

根据图 3-27 脚轮架尺寸信息绘制脚轮模型,第一步点击"菜单"→"插入"→"设计特征"→"拉伸"命令绘制脚轮打印模型,第二步点击"菜单"→"插入"→"设计特征"→"拉伸"命令,"布尔运算"选择求差,从侧面与上一步拉伸做布尔运算求差操作,完成模型绘制,如图 3-28 所示。

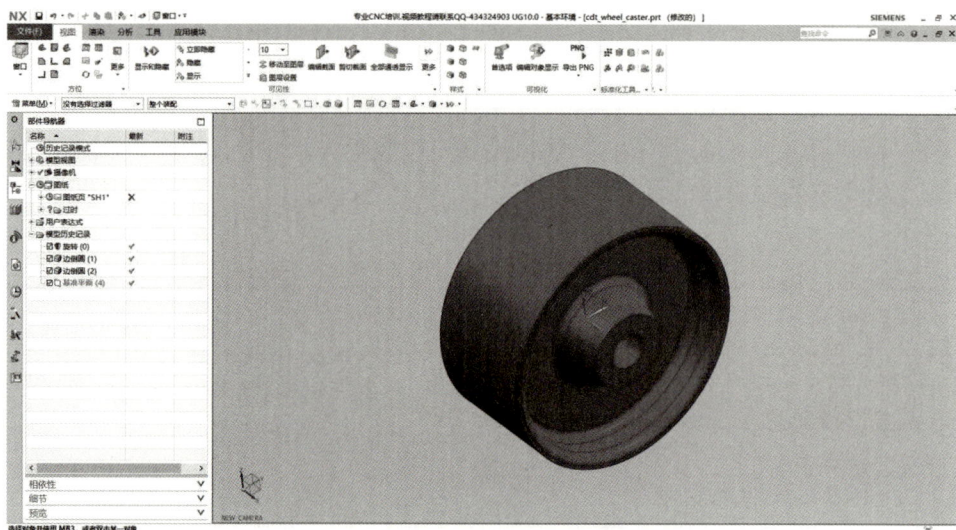

图 3-25　旋转命令绘制滚轮模型

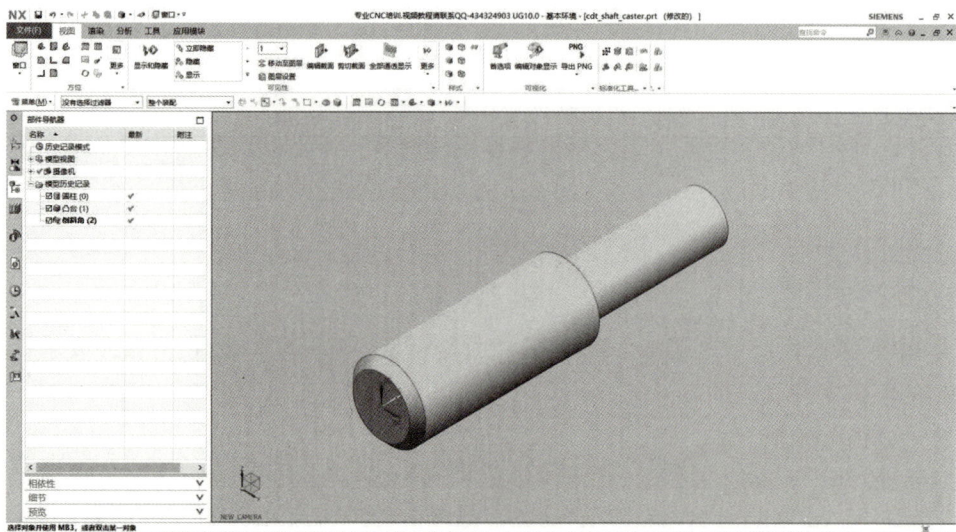

图 3-26　旋转轴绘制

4. 中心轴绘制

第一步点击"菜单"→"插入"→"设计特征"→"圆柱"命令,输入圆柱直径,第二步单击工具栏中的"倒斜角" 倒斜角 ,对圆柱两端进行倒斜角操作,如图 3-29 所示。

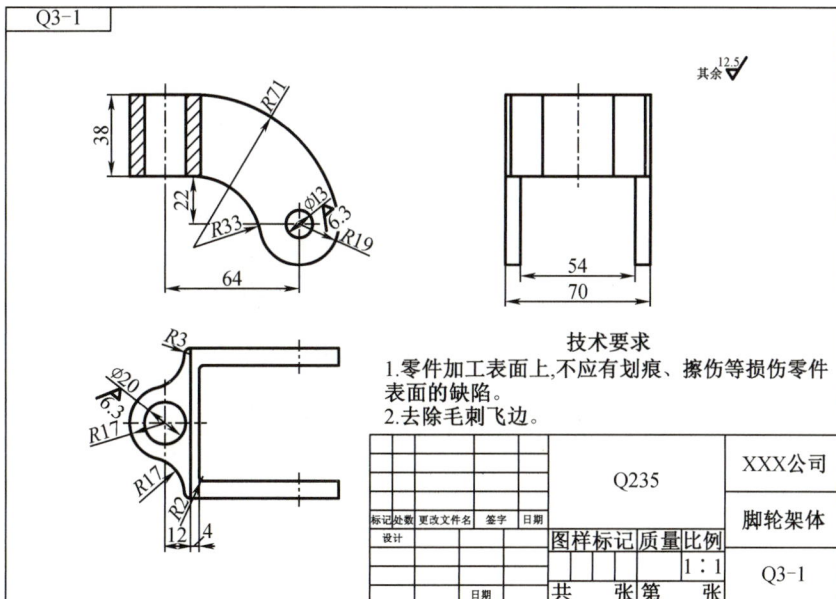

图 3-27 脚轮架尺寸图

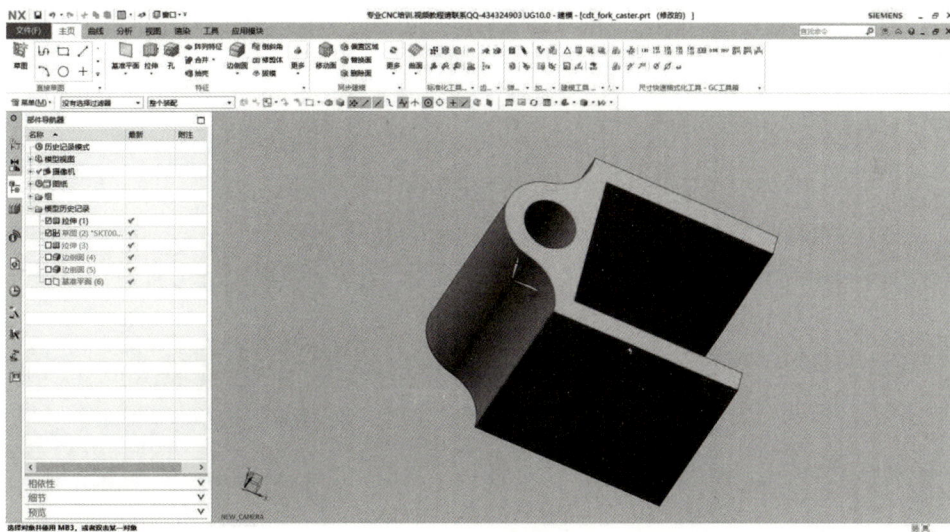

(a)

图 3-28 脚轮架体模型

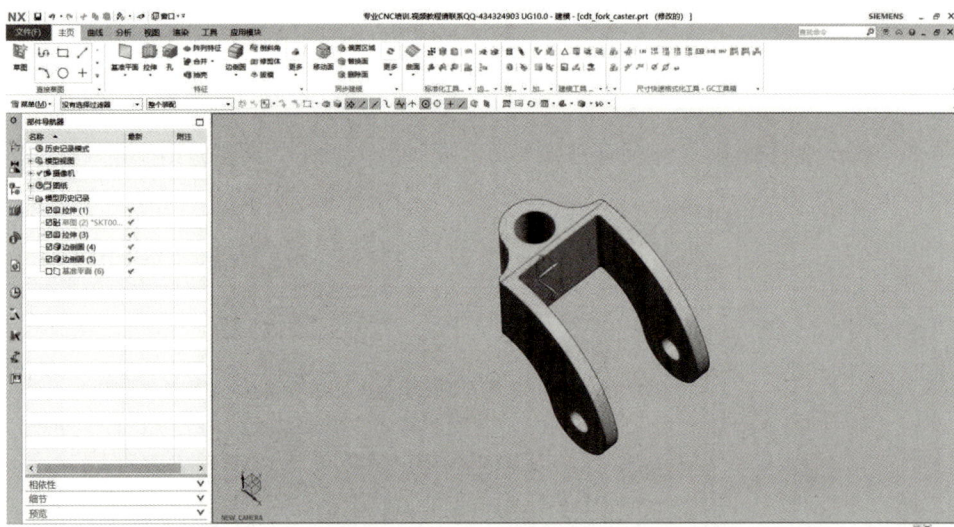

(b)

图 3-28（续）

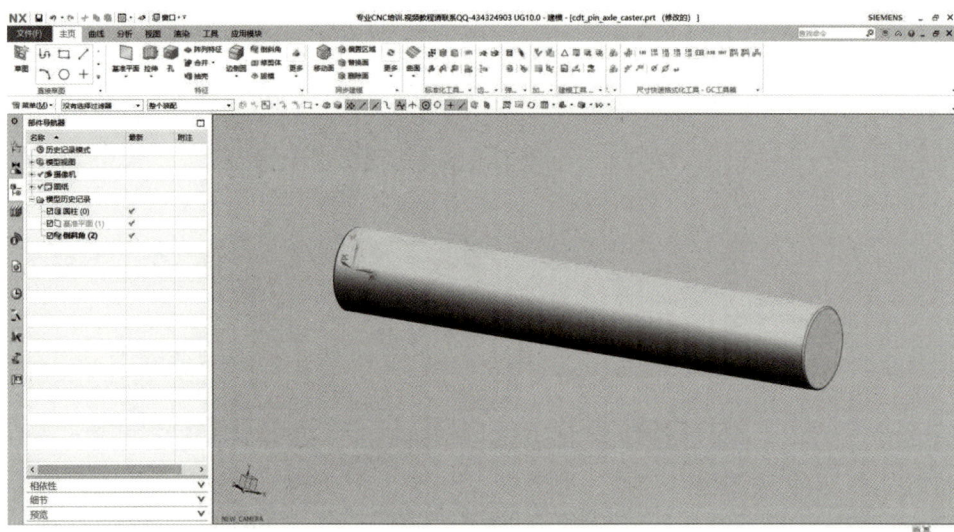

图 3-29　中心轴绘制

5. 模型质量与评分标准

模型质量与评分标准见表 3-1。

表 3-1　模型质量与评分标准

序号	评分内容	配分	评分标准
1	摆放位置	10	摆放合理
2	约束条件	40	是否正确施加几何约束
3	尺寸精确	20	按照尺寸信息构建模型
4	命令使用	30	命令合理使用

【脚轮的 3D 打印工作单】

计划单

学习情境 3	脚轮的 3D 打印	任务 1	脚轮模型设计与数据处理	
工作方式	组内讨论、团结协作共同制定计划,小组成员进行工作讨论,确定工作步骤		计划学时	0.5 学时
完成人	1.　　　2.　　　3.　　　4.　　　5.　　　6.			

计划依据:1.　　　　　　　　;2.

序号	计划步骤	具体工作内容描述
1	准备工作(总模型要求、计算机,谁去做?)	
2	组织分工(成立组织,人员具体都完成什么工作?)	
3	制定方案(设计→数据处理→参数设置,各阶段重点是什么?)	
4	制作过程(模型设计→导入→观察总结模型特点→模型处理→完成→后处理)	
5	整理资料(谁负责? 整理什么内容?)	
制定计划说明	(对各人员完成任务提出可借鉴的建议或对计划中的某一方面做出解释)	

决策单

学习情境 3	脚轮的 3D 打印		任务 1	脚轮模型设计与数据处理
决策学时				0.5 学时

决策目的:脚轮 3D 打印各环节流程方案对比分析,比较加工质量、加工时间、加工成本等

	成员	方案的可行性 (数据质量)	参数的合理性 (采集时间)	加工的经济性 (测量成本)	综合评价
工艺方案 对比	1				
	2				
	3				
	4				
	5				
	6				

决策评价	结果:(将自己的加工方案与组内成员的加工方案进行对比分析,对自己的工艺方案进行修改并说明修改原因,最后确定一个最佳方案)

检查单

学习情境3	脚轮的3D打印	任务1	脚轮模型设计与数据处理
评价学时		课内0.5学时	第　　组

检查目的及方式	在加工过程中,教师对小组的工作情况进行监督、检查,如检查等级为不合格,则小组需要整改,并拿出整改说明

序号	检查项目	检查标准	检查结果分级 (在检查相应的分级框内划"√")				
			优秀	良好	中等	合格	不合格
1	准备工作	资源是否已查到,材料是否准备完整					
2	分工情况	安排是否合理、全面,分工是否明确					
3	工作态度	小组工作是否积极主动,是否为全员参与					
4	纪律出勤	是否按时完成负责的工作内容、遵守工作纪律					
5	团队合作	是否相互协作、互相帮助,成员是否听从指挥					
6	创新意识	任务完成是否不照搬照抄,看问题是否具有独到见解与创新思维					
7	完成效率	工作单是否记录完整,是否按照计划完成任务					
8	完成质量	工作单填写是否准确,流程环节、参数设置、成型件质量是否达标					

检查 评语		教师签字:

【任务评价】

小组工作评价单

学习情境 3	脚轮的 3D 打印		任务 1	脚轮模型设计与数据处理	
评价学时			课内 0.5 学时		
班级			第　组		
考核情境	考核内容及要求	分值（100）	小组自评（10%）	小组互评（20%）	教师评价（70%）	实际得分

考核情境	考核内容及要求	分值（100）	小组自评（10%）	小组互评（20%）	教师评价（70%）	实际得分
汇报展示（20分）	演讲资源利用	5				
	演讲表达和非语言技巧应用	5				
	团队成员补充配合程度	5				
	时间与完整性	5				
质量评价（40分）	工作完整性	10				
	工作质量	5				
	报告完整性	25				
团队意识（25分）	核心价值观	5				
	创新性	5				
	参与率	5				
	合作性	5				
	劳动态度	5				
安全文明（10分）	工作过程中的安全保障情况	5				
	工具正确使用和保养、放置规范	5				
工作效率（5分）	能够在要求的时间内完成，每超时 5 分钟扣 1 分	5				

小组成员素质评价单

学习情境 3	脚轮的 3D 打印	任务 1	脚轮模型设计与数据处理

班级		第　　组	成员姓名	

评分说明	每个小组成员评价分为自评分和小组其他成员评分两部分,取平均值,作为该小组成员的任务评价个人分数。评分项目共计 5 个,依据评分标准给予合理量化打分。小组成员自评分后,要找小组其他成员以不记名方式评分

评分项目	评分标准	自评分	成员 1 评分	成员 2 评分	成员 3 评分	成员 4 评分	成员 5 评分
核心价值观 (20 分)	有无违背社会主义核心价值观的思想及行动						
工作态度 (20 分)	是否按时完成负责的工作内容、遵守纪律,是否积极主动参与小组工作,是否全过程参与,是否吃苦耐劳,是否具有工匠精神						
交流沟通 (20 分)	能否良好地表达自己的观点,能否倾听他人的观点						
团队合作 (20 分)	是否与小组成员合作完成任务,做到相互协作、互相帮助、听从指挥						
创新意识 (2 分)	看问题能否独立思考、提出独到见解,能否利用创新思维解决遇到的问题						
小组成员最终得分							

【课后反思】

学习情境 3	脚轮的 3D 打印	任务 1	脚轮模型设计与数据处理
班级	第　组	成员姓名	
情感反思	通过对本次任务的学习和实训,你认为自己在社会主义核心价值观、职业素养、学习和工作态度等方面有哪些需要提高的部分?		
知识反思	通过对本次任务的学习,你掌握了哪些知识点? 请画出思维导图。		
技能反思	在完成本次任务的学习和实训过程中,你主要掌握了哪些技能?		
方法反思	在完成本次任务的学习和实训过程中,你主要掌握了哪些分析和解决问题的方法?		

【课后作业】

一、选择题

1. 对草绘对象标注尺寸时会发生约束冲突,这时可以尝试将其中一个尺寸转换成_____来解决问题。　　　　　　　　　　　　　　（　　）

A. 参照尺寸　　　　B. 基线尺寸　　　　C. 强尺寸　　　　D. 垂直尺寸

2. 下列选项中,对于拉伸特征的说法正确的是　　　　　　　　（　　）

A. 对于拉伸特征,草绘截面必须是封闭的

B. 对于拉伸特征,草绘截面可以是封闭的也可以是开放的

C. 拉伸特征只可以产生实体特征,不能产生曲面特征

D. 拉伸的方向只能垂直于草图平面

3. 下列选项中,不属于拉伸深度定义形式的一项是　　　　　　（　　）

A. 方向和距离　　　B. 裁剪至面　　　C. 裁剪至体　　　D. 裁剪至点

4. 基准面的作用是　　　　　　　　　　　　　　　　　　　　（　　）

A. 作为草图的放置面　　　　　　　B. 作为定位基准

C. 可减少特征间父子关系　　　　　D. 以上都对

二、判断题

1. 使用 UG/装配建模,零件设计修改后装配模型中的零件会自动更新,同时可在装配环境下直接修改零件设计。　　　　　　　　　　　　　　　　　（　　）

2. 使用 UG 可以在设计过程中进行有限元分析、机构运动分析、动力学分析等仿真模拟,提高了设计的可靠性。　　　　　　　　　　　　　　　　　（　　）

3. 所有的 UG 文件都以"Prt"为扩展名。　　　　　　　　　　（　　）

4. 选择"应用"→"建模",进入建模应用模块。　　　　　　　　（　　）

三、作图题

请绘制图 3-30 所示三维模型。

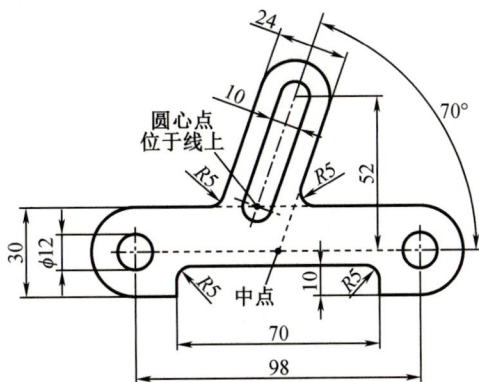

图 3-30

任务 2　脚轮 3D 打印流程

【任务工单】

学习情境 3	脚轮的 3D 打印	工作任务 2	脚轮 3D 打印流程
任务学时		4 学时（课外 8 学时）	
布置任务			
任务目标	1. 完整阐述选择性激光烧结（SLS）技术的模型成型原理、特点和打印流程； 2. 能合理指出模型特征，并规划打印流程； 3. 根据模型要求，选择合适的方法，熟练操作打印机制作模型		
任务描述	脚轮设计人员在完成脚轮的设计研发后，应用 3D 打印技术快速生产模型，辅助产品方案评估。 　　在前面任务中同学们根据设计零件图纸要求，完成三维模型的建立，将设计好的模型文件转化成打印通用的 STL 格式，并对转化过程中产生的错误进行检测、数据修复、转换、切片（分层）以及为模型添加必要支撑（便于堆叠）等操作，生成打印设备可识别执行的数字文件。 　　本次任务我们需要用已生成好的模型文件，调试好 FDM 3D 打印机，运用正确的方法与适合的材料打印出相应模型实体，对产品装配结构、形状、尺寸进行验证，确保符合生产要求。 　　按照打印要求打印出一个脚轮的实物模型。如图 3-31 所示。 图 3-31　脚轮模型 请根据要求完成以下任务： 1. 能正确设置打印工艺参数； 2. 能够熟练完成 SLS 打印机的打印前调试； 3. 操作 SLS 打印机，完成脚轮模型的打印		
学时安排	资讯 1 学时	计划 0.5 学时	决策 0.5 学时	实施 1 学时	检查 0.5 学时	评价 0.5 学时

表（续）

提供资源	1.脚轮模型； 2.切片软件； 3.SLS 打印机、打印粉末； 4.课程标准、多媒体课件、教学演示视频及其他共享数字资源
对学生学习及成果的要求	1.完成 SLS 打印机的初始安装和参数设置； 2.完成打印机的参数调试与粉箱装粉等打印前操作； 3.操作 SLS 打印机，完成脚轮模型的打印； 4.可以根据已完成零件进行优化设计； 5.严格遵守课堂纪律，学习态度认真、端正，能够正确评价自己和同学在本任务中的素质表现； 6.必须积极参与小组工作，根据组长分配的任务，承担各自模型设计，设计完成后与小组成员合作完成装配验证； 7.需独立或在小组同学的帮助下完成任务工作单并提请检查、签认，对提出的建议或有错误务必及时修改； 8.每组必须完成任务工作单，并提请教师进行小组评价，小组成员分享小组评价分数或等级； 9.完成任务反思，以小组为单位提交

【课前自学】

知识点 1　选择性激光烧结概述

20 世纪 80 年代末，得克萨斯奥斯丁大学成功地研究了选择性激光烧结技术，第一次由 DTM 公司出口推向世界。这项技术在推向市场后，很快受到了广大客户群体的喜爱，销量持续升高，在推出后的五年时间里，SLS 设备的销量已经占据增材制造打印设备的五分之一。

SLS 技术在最近这些年发展十分迅速，美国的 3D Systems 以及 Stratasys 公司在 3D 打印技术上一直名列前茅，美国的 Shapeways 和英国的 Repra 公司技术也十分先进。2020 年，3D Systems 接连推出了 10 种新的打印材料，最近的一次推出的打印材料为 VisiJetM2S- HT90，这种材料是专门为耐用品而研发，非常适合在高温以及高强度的环境下使用，而且可以与细胞生物进行完美配合，可以代替人体骨骼以及牙齿等。2020 年初，Stratasys 公司主要针对 SLS 工艺，自主设计研发了 F370 打印设备，极大程度地提升了设备的自动化程度，提高了打印速度以及工作效率。

从 20 世纪 90 年代开始，我国高校以及研究所就开始对 SLS 技术进行研究。清华大学、华中科技大学、西北工业大学、华南理工大学等开始对 SLS 设备进行自主的设计研究。西北工业大学最早在 1995 年就提出了激光烧结成型的设计思路,随后华南理工大学在 2004 年设计出我国第一台选择性激光烧结设备。与此同时,清华大学实验室团队在 2004 年研发出第一台 SLS 设备用以科研试验,并经历了四年的打印实验对设备进行改进完善,在 2008 年研发第二代打印设备。在第二代设备的设计中,该团队还对激光光束打印进行了进一步的研究,研究内容主要包括对控制系统、激光光路的定位优化、温度场优化等。

图 3-32 为 CX-200 SLS 打印设备,此款设备具有打印效率高、成型精度高、可以同时打印多个工件等特点。该设备提高了成型效率,使 SLS 技术在成型效率上有了很大突破。此设备粉箱采用悬臂式升降结构,极大程度地增大了设备空间利用率。经过后期的使用测试,成型工件可以直接进行应用,实现了智能制造这一目标。激光功率可以根据不同打印材料实现调整;从成型速度来看,打印层厚以及铺粉量可以实现调节;粉箱升降结构可以实现检测反馈功能,对成型基台的位置进行调节。

图 3-32　CX-200 SLS 打印设备

图 3-33 为 ESO 3D 打印机,德国的 EOS 公司一直以来都是激光烧结行业的带领者。SLS 技术是增材制造和数字化制造的重要支持,实现高效率成型、低成本投入、低环境污染的智能制造一直是所有研究人员努力的目标。SLS 技术可以实现高效率以及高精度生产。EOS INTM 280 激光烧结设备是一台新型激光烧结系统,生产的工件不仅可以直接使用,还可以打印模具,用于塑料件的注塑生产,模具产品的样件可用粉末直接烧结而成。EOS M290 激光烧结技术汇集了当前最优秀的打印技术以及控制系统。EOS PowderBed:在成型箱上方安装一个摄像头,可以随时观察工件的打印情况。EOS TATE Base:可以监控打印过程中设备内部的激光功率以及激光扫描精度、测量成型仓温度等参数。EOS TATE Laser Monitoring:激光运行检测系统,在打印过程中,对激光功率进行实时监控。

图 3-33　EOS 3D 打印机

知识点 2　选择性激光烧结的基本原理

激光烧结是一项分层加工制造技术,这项技术的前提是模型的三维数据建立。而后将三维模型转化为一整套切片,每个切片描述了确定高度的零件横截面。激光烧结机通过把这些切片一层一层地累积起来,从而得到所要求的物件。在每一层,激光能量被用于将粉末熔化。借助于扫描装置,激光能量被"打印"到粉末层上,这样就产生了一个固化层,该层随后成为物件的一部分。下一层又在第一层上面继续被加工,一直到整个加工过程完成。

1.选择性激光烧结成型原理

如图 3-34 所示,SLS 成型设备的加工系统主要由激光器、振镜、加热装置、铺粉辊、供粉缸以及工作台组成。SLS 工艺过程主要包括模型分层前处理、粉层叠加激光烧结和清粉处理。前处理属于离散化过程,需要将三维模型转换成 STL 文件格式,然后进行 Z 向分层处理并生成加工控制信息。激光烧结过程属于堆积过程,首先在工作台上铺上一层厚度均匀的粉末,然后激光束在计算机控制下选择性地进行扫描,使粉末熔化并迅速固化成相应的截面形状。烧结一层后,工作台下降一个层厚,铺粉辊在已烧结的表面再铺上一层粉末进行下一层粉末烧结,未烧结的粉末保留在原处起支撑作用。重复循环铺粉、烧结动作,直至完成零件的制造,清除掉多余的粉末得到成型件。基本操作过程如下:

(1)设计建造零件 CAD 模型;

(2)将模型转化为 STL 文件(即将零件模型以一系列三角形来拟合);

(3)将 STL 文件进行横截面切片分割;

(4)激光根据零件截面信息逐层烧结粉末,分层制造零件;

(5)对零件进行清理等后处理。

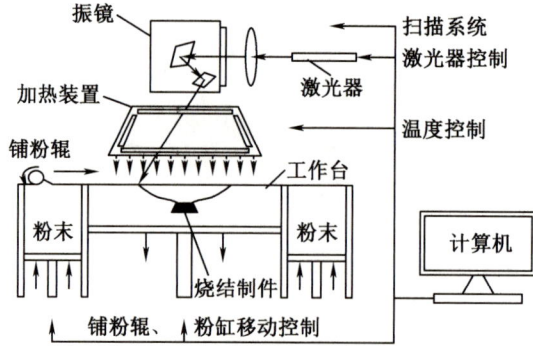

图 3-34　SLS 加工系统示意图

2.激光烧结机理

SLS 成型的具体物理过程可描述如下：当高强度的激光在计算机的控制下扫描粉床时，被扫描的区域吸收了激光的能量，该区域粉末颗粒的温度上升，当温度上升到粉末材料的软化点或熔点时，粉末材料的流动使得颗粒之间形成烧结径，进而发生凝聚。烧结径的形成及粉末颗粒凝聚的过程被称为烧结。当激光经过后，扫描区域的热量由于向粉床下传导以及表面上的对流和辐射而逐渐消失，温度随之下降，粉末颗粒也随之固化，被扫描区域的颗粒相互黏结形成单层轮廓。

下面对 SLS 技术激光烧结机理进行介绍。

（1）Frenkel 两液滴模型

SLS 技术是在零剪切力应力下进行的，热力学原理证明了 SLS 成型的驱动力为粉末颗粒的表面张力。苏联科学家 Frenkel 于 1945 年提出的黏性流动烧结机理，该机理将复杂形态的粉末颗粒理想简化为球形，采用两液滴对心运动来模拟粉末颗粒间的黏结过程，如图 3-35 所示。

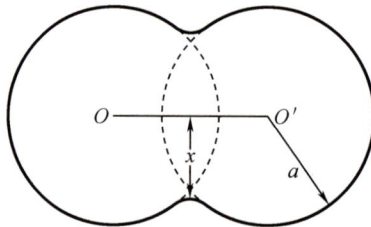

图 3-35　Frenkel 两液滴对心运动模型

Frenkel 认为：激光烧结过程中，粉末颗粒的表面张力为自身的黏性流动提供驱动力，而粉末的黏度阻碍着颗粒之间的黏结。同时 Frenkel 建立了粉末颗粒在黏性流动机制下的颈长方程。

$$\left(\frac{x}{a}\right)^2 = \frac{3}{2} \cdot \frac{\sigma t}{a\eta} \tag{3-1}$$

式中　x——烧结颈半径，μm；

　　　a——颗粒半径，μm；

　　　σ——表面张力，N/m；

　　　η——黏度，Pa·s；

　　　t——烧结时间，s。

Frenkel 黏性流动理论首先被成功地应用于玻璃和陶瓷材料的烧结中，有学者证明了高分子材料在烧结时，受到的剪切应力为零，熔体接近牛顿流体，Frenkel 黏性流动机理是适用于高分子材料烧结的，式(3-1)说明：粉末颗粒的烧结速率 x/a 正比于材料的表面张力和烧结时间，反比于颗粒的半径和粉末的黏度。

(2)"烧结立方体"模型

由于 Frenkel 模型只是描述两球形液滴烧结过程，而 SLS 技术是大量粉末颗粒堆积而成的粉末床体的烧结，所以 Frenkel 模型用来描述 SLS 成型过程是有局限性的。"烧结立方体"模型是在 Frenkel 假设的基础上提出的。这个模型认为 SLS 成型系统中粉末堆积与一个立方体堆积粉末床体结构较为相似，如图 3-36 所示，并提出如下假设：

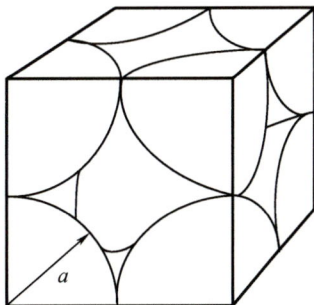

图 3-36　立方体堆积粉末床体结构

①立方体堆积粉末是由半径相等(半径为 a)的最初彼此接触的球体组成。

②致密化过程使得颗粒变形，但是始终保持半径为 r_b 的球形，这样颗粒之间接触部位为圆形，其半径为 $\sqrt{r_b^2+x_d^2}$ ，其中 x_d 代表两颗粒之间的距离。单个粉末颗粒变形过程如图 3-37 所示。

现在假设粉床中有部分粉末颗粒是不进行烧结的。定义烧结颗粒所占的比例为 ξ ，即烧结分数，ξ 在 0 到 1 之间变化，ξ 代表任意两个粉末颗粒形成一个烧结颈的概率。$\xi=1$ 意味着所有的粉末颗粒都烧结；$\xi=0$ 意味着没有粉末颗粒参加烧结。

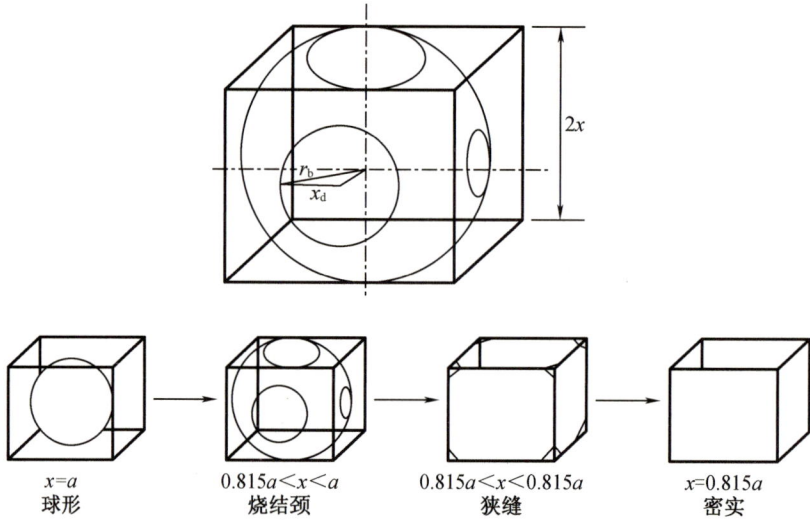

图 3-37　烧结过程中单个粉末颗粒的变形过程

推导出烧结速率用粉末相对密度随时间的变化表示为

$$\rho = -\frac{9r}{4\eta aN}\left\{ N - (1-\xi) + \left[1 - \left(\xi + \frac{1}{3}\right)N \right]\frac{9(1-N^2)}{18N - 12N^2} \right\} \tag{3-2}$$

式中　ρ——粉末相对密度，g/cm^3；

　　　a——颗粒半径，μm；

　　　η—— 材料黏度，$Pa \cdot s$。

其中，$N = r_b/x_d$。从烧结速率方程式（3-2）可以看出普遍的烧结规律，可以发现致密化速率与材料表面张力成正比，与材料的黏度 η 和粉末颗粒的半径 a 成反比。

知识点 3　选择性激光烧结的特点及应用

与其他增材制造技术相比，SLS 技术最突出的优点在于成型材料十分广泛，由于 SLS 成型材料种类多、用料节省、成型件力学性能好、适合多种用途，以及无须设计和制造复杂的支撑系统等特点，使得 SLS 技术的应用越来越广泛。下面对 SLS 技术的成型特点以及应用的场景进行具体介绍。

1. 选择性激光烧结技术的特点

SLS 技术是用粉末原料取代了液态光聚合物，并以一定的扫描速度和能量作用于粉末材料，适用于原型及功能零件的制造。SLS 技术与其他增材制造工艺相比有很多优势，主要包括以下五点：

（1）材料范围广，开发前景广阔

SLS 成型材料来源十分广泛，从理论上讲，任何受热黏结的粉末都有被用作 SLS 增材制造成型材料的可能。可以通过材料和各类黏结剂颗粒制造出适应不同需要的任何造型，材料的开发前景非常广阔。

（2）制造工艺简单，柔性度高

在计算机的控制下，可以便捷地制造出传统加工方法难以实现的复杂形状零件。在成型过程中不需要先设计支撑，未烧结的多余的松散粉末可以作为成型件的自然支撑，这种成型方式即省料、省时，同时也降低了操作难度。SLS工艺可以成型几乎任意几何形状的零件，尤其在含有悬臂结构以及中空结构的零件制造中优势十分明显。

（3）成型精度以及材料利用率高

根据使用的材料种类和粒径、产品的几何形状和复杂程度等因素，SLS增材制造工艺的公差一般能够达到工件整体范围±2.5 mm以内。在粉末粒径为0.1 mm以下时，成型精度可达到±1%。打印结束后的粉末材料可以回收利用，利用率近100%。

（4）材料价格便宜，成本低

SLS技术打印材料成本低，打印材料可以合成和分解。所用进口材料的价格为10～132美元/kg，国产材料的价格为150～220元/kg。

（5）应用面广，生产周期短

各项高新技术的集中应用使得这种成型工艺的生产周期很短。随着成型材料的多样化，使得SLS增材制造技术适用于多个领域。例如：用蜡做精密铸造蜡模；用热塑性塑料做消失模；用陶瓷做铸造型壳、型芯和陶瓷件；用金属粉末做金属零件等。

目前，SLS技术虽然取得较快的发展，获得了较好的应用效果，但离规模化应用还相去甚远。SLS工艺的缺点也比较突出，急需解决的关键技术包括但不限于以下三点：

（1）表面粗糙

由于SLS技术的原材料是粉状，导致成型件表面比较粗糙。相比于其他增材制造技术，SLS技术制造出来的成型件表面质量比较低，当用户对成型件表面要求比较高时，还需要对工件进行后续处理。

（2）烧结过程中存在异味

由于SLS技术是需要激光能源使加工粉末熔化逐层黏结成型，这种成型工艺导致高分子材料或者粉粒在激光烧结熔化时会挥发异味气体，影响操作人员的健康，所以还需要进一步改进成型工艺或者成型材料本身。

（3）操作过程比较复杂

SLS成型技术通常需要比较复杂的辅助工艺。例如：为了使粉状材料可靠地烧结，必须将机器的整个工作空间内直接参与造型工作的所有机件，以及粉状材料预先加热到指定的温度，这个预热过程常需要数小时；成型工作结束后，为除去工件表面的浮粉，需要使用软刷和气泵等工具，这一操作必须在封闭空间内完成，以免造成粉尘污染。

2. 选择性激光烧结的应用场景

SLS 技术能够制造大型、复杂结构的金属和非金属制件,主要用作制造砂型铸造用的砂型(芯)、陶瓷芯、精密铸造用的熔模和塑料工件等。如图 3-38 所示,SLS 技术目前已被广泛应用于生物制造以及工业领域,下面对 SLS 技术主要的应用场景进行介绍。

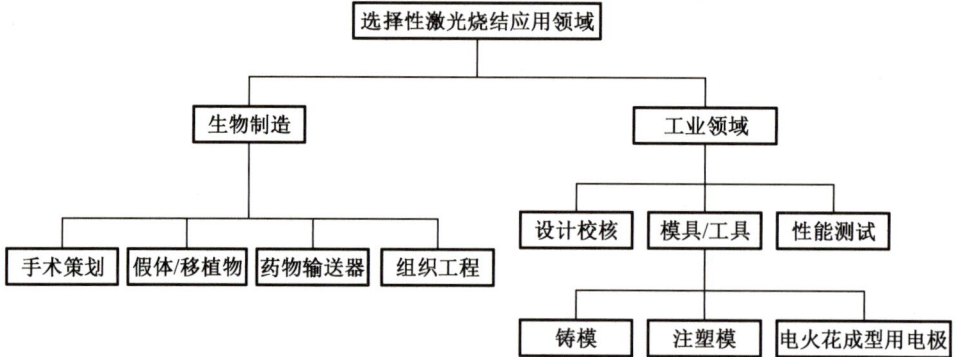

图 3-38　选择性激光烧结技术应用领域

(1)铸造砂型(芯)成型

SLS 技术可以直接制造用于砂型铸造的砂型(芯),从零件图到铸型(芯)的工艺设计,铸型(芯)的三维实体造型等都是由计算机完成,而无须过多考虑砂型的生产过程。特别是对于一些空间的曲面或者流道,用传统方法制造十分困难。SLS 技术可实现铸型(芯)的整体制造,不仅简化了分离模块的过程,同时还提高了铸件的精度。因此,用 SLS 技术制造覆膜砂型(芯),在铸造中有着广阔的前景。图 3-39 为利用 SLS 技术制造的覆膜砂型(芯)的实例。

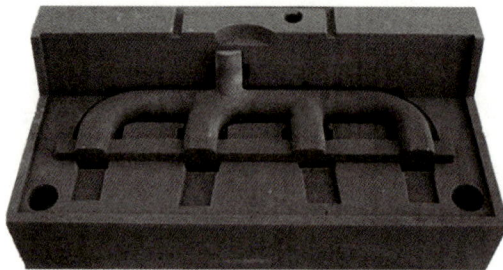

图 3-39　覆膜砂型(芯)的实例

(2)铸造熔模的成型

传统的熔模要采用模具制造,SLS 技术可以根据客户提供的计算机三维图形,无须任何模具即可快速地制造出熔模,从而大大缩短新产品投入市场的周期,实现快速占领市场的目的。而且 SLS 技术可制造几乎任意复杂形状铸件的熔模,因此受到了人们的高度关注,目前已在熔模铸造领域得到了广泛的应用。图3-40为SLS技术制备的熔模模型。

图3-40　铸造熔模模型

（3）高分子功能零件的成型

用于SLS成型的材料主要是热塑性高分子及其复合材料，如图3-41所示。热塑性高分子又可以分为晶态和非晶态两种，由于晶态和非晶态高分子在热性能上的决然不同，造成了它们在激光烧结参数设置及制件性能上存在巨大的差异，主要分为直接制造和间接制造两种成型方式。

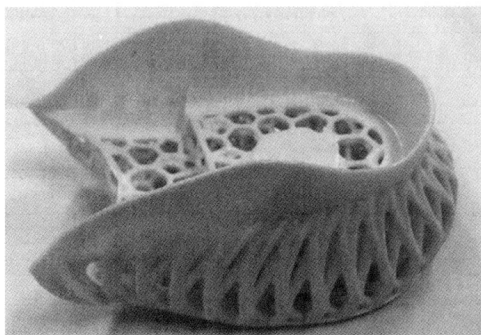

图3-41　高分子材料打印模型

（4）生物制造

生物制造是目前SLS领域的研究热点之一。SLS技术通过计算机辅助设计，可制备结构、力学性能可控的三维通孔组织支架及个性化的生物植入体，实现对孔隙率、孔型、孔径及外形结构的有效控制，从而促进细胞的黏附、分化与增殖，提高支架的生物相容性，因此非常适合对生物高分子进行烧结成型，制造个性化医用植入体和组织工程支架。目前，SLS技术已被广泛应用于医学研究和临床实践，如图3-42所示。

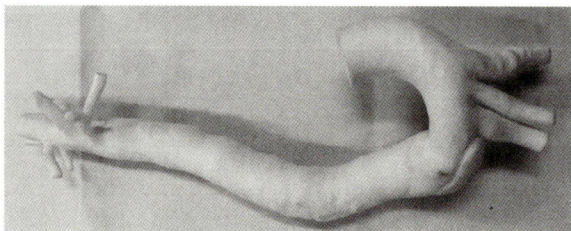

图 3-42　心脏血管模型

知识点 4　选择性激光烧结制造工艺

分层叠加成型加工是增材制造的核心,包括模型截面轮廓的制作与截面轮廓的叠合。也就是增材制造设备根据切片处理的截面轮廓,在计算机控制下,相应的成型头(激光头或喷头)按各截面轮廓信息做扫描运动,在工作台上一层一层地堆积材料,然后将各层相黏结,最终得到原型产品。

成型时,先在工作台上用铺粉辊铺一层加热至略低于熔化温度的粉末材料,然后,激光束在计算机的控制下,按照截面轮廓的信息,对实心部分所在的粉末进行扫描,使粉末的温度升到熔化点,于是粉末颗粒交界处熔化,粉末相互黏结,逐步得到本层轮廓。在非烧结区的粉末仍呈松散状,作为工件和下一层粉末的支撑。一层成型完成后,工作台下降一截面层的高度,再进行下一层的铺料和烧结,如此循环,直至完成整个三维原型,工艺原理如图3-43 所示。

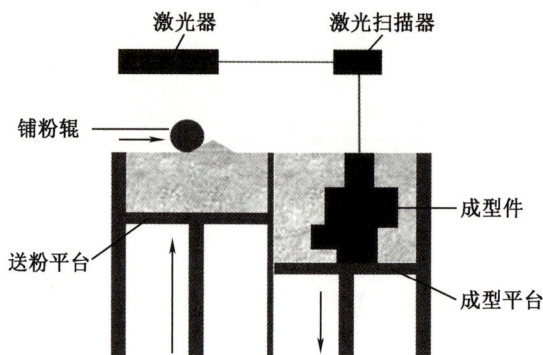

图 3-43　选择性激光烧结工艺原理图

从快速成型机上取下的成型件,制件可能在表面状况或机械强度等方面还不能完全满足产品需求,例如成型件表面不够光滑,曲面上方可能会存在由于分层制造导致的小台阶;制件薄壁和某些微小特征结构可能强度、刚度不足;制件的某些尺寸、形状还不够精确;制件的耐温性、耐湿性、耐磨性和导电性可能不够满意;制件产品颜色可能不满足产品要求等,还需要进行剥离、打磨、抛光、涂挂、后固化、修补和表面强化处理,或放在高温炉中进行

后烧结,这些工序统称为后处理。常见的后处理方法有:

(1)剥离

剥离是将增材制造过程中产生的废料、支撑结构与工件分离的过程。常用的剥离方式主要有手工剥离、化学剥离和加热剥离三种。手工剥离是操作者用手和一些较简单的工具使废料、支撑结构与工件分离,是最常见的剥离方式;化学剥离是指在某种化学溶液能溶解支撑结构又不损伤制件时,可以使用此种化学溶液使支撑结构与工件分离;加热剥离是指当支撑结构为蜡,而成型材料为熔点比蜡高的材料时,可以使用热水或适当温度的热蒸汽使支撑结构融化与工件分离。

(2)修补、打磨和抛光

当工件表面有较明显的小缺陷而需要修补时,可以用热熔性材料、乳胶与细粉料混合而成的腻子,或湿石膏予以填补,然后用砂纸打磨、抛光。常用的抛光技术有砂纸打磨、珠光处理等。砂纸打磨是指用手工打磨或使用砂带磨光机等设备对制件表面进行处理的操作,是一种廉价且行之有效的方法;珠光处理是指操作人员手持喷嘴朝抛光对象高速喷射介质小珠从而达到抛光效果,珠光处理的介质通常采用很小的塑料颗粒,一般是经过精细研磨的热塑性颗粒。

(3)表面涂覆

当用户对制件表面的质量要求比较高时,需要对制件进行表面涂覆处理,典型的涂覆方法有:喷刷涂料、电化学沉积和无电化学沉积等。喷刷涂料是指在增材制造制件表面可以喷刷多种涂料,常用的涂料有油漆、液态金属和反应型液态涂料等;电化学沉积也称为电镀,在制件表面喷涂一层电漆,再进行电镀;无电化学沉积也称为无电电镀,是通过化学反应形成涂覆层,在制件表面涂覆金属材料。

知识点5　选择性激光烧结操作

本小节以某公司生产的CX-200设备为例,讲述激光烧结设备的操作。其他型号的同类型烧结设备操作非常相似,可做参考。CX-200设备操作界面包括:操作按钮和软件界面。

1.操作按钮

如图3-44所示为CX-200设备操作界面,CX-200设备有三个操作按钮,按钮分别为"上电""复位"和"急停"按钮。

"上电"按钮控制设备执行系统得电,执行系统得电后,能直观地感受到设备激光器水冷装置、设备照明装置和设备排气装置开始运行。

"复位"按钮控制系统的复位,若控制系统发生"死机",按下"复位"按钮,能使得系统在不断电的情况下,设备重新启动。

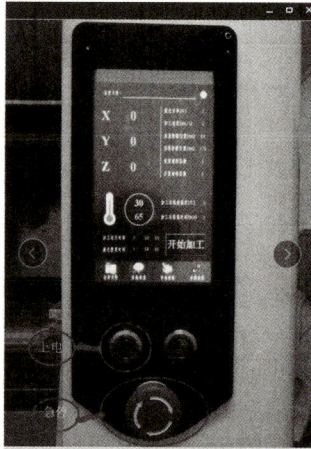

图3-44　CX-200设备操作界面

"急停"按钮能立即停止设备运行,当发生紧急情况的时候操作员可通过快速按下此按钮来达到保护。

2. 软件界面

如图3-45所示为CX-200设备软件界面,CX-200设备在开机后主页底部有四个UI图标,分别为"文件按钮""系统信息""手动控制"和"参数设置"。通过这四个UI图标可控制设备运行,也可查看零件加工情况。

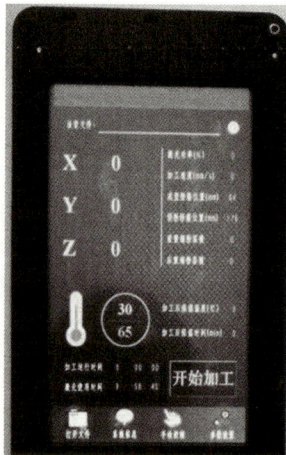

图3-45　CX-200设备软件界面

(1)文件按钮

在打印模型零部件时,先绘制三维实体模型,然后将实体模型在切片软件中完成切片,切片完成后将文件存储到存储卡中,再将存储卡插入设备中,设备读取切片后文件,进行模型的打印。CX-200设备兼容存储卡类型为SD存储卡。

文件按钮用来浏览和读取存储卡的切片文件,文件确定读取后,可在文件按钮界面查看文件读取情况和文件信息。CX-200"文件按钮"界面如图3-46所示。

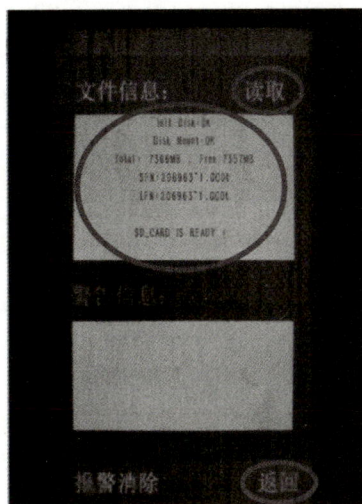

图3-46　CX-200"文件按钮"界面

(2)系统信息

系统信息界面可查看打印平面粉末温度、加工运行时间、激光运行时间、打印坐标、打印层高、激光功率、加工速度、成型箱位置、供粉箱位置前置铺粉层数和后置铺粉层数。

当调节好加工参数时,在系统信息界面点击"开始加工",设备开始零部件的加工。CX-200"系统信息"界面如图3-47所示。

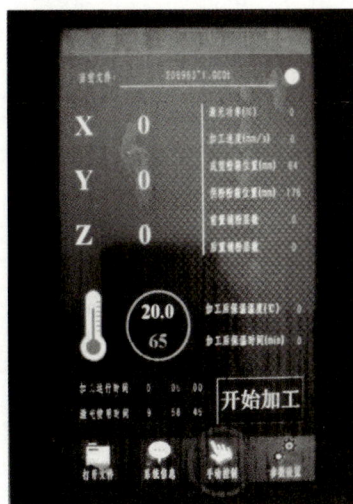

图3-47　CX-200"系统信息"界面

（3）手动控制

手动控制界面主要是控制成型箱和供粉箱上下移动,完成粉箱的装粉和清粉,也控制粉辊的左右移动和选择,铺平加工粉面。在手动控制界面也可控制粉箱和粉辊的移动速度。CX-200"手动控制"界面如图3-48所示。

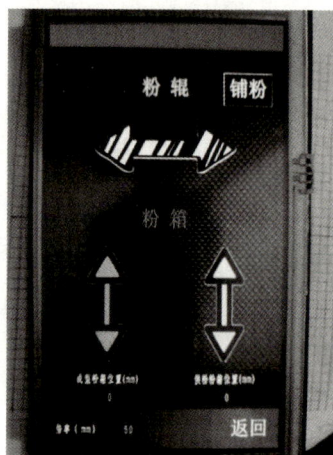

图3-48　CX-200"手动控制"界面

（4）参数设置

参数设置界面用来设置零件加工过程的工艺参数,在参数设置界面也设置加工过程中的激光功率、扫描速度、供粉余量、前置铺粉层数、后置铺粉层数、预热温度、预热温差、保温温度和保温时间参数。CX-200"参数设置"界面如图3-49所示。

图3-49　CX-200"参数设置"界面

加工参数说明见表3-2。

表3-2　加工参数说明表

参数	参数说明
激光功率	功率采用百分比的形式,CX-200激光器采用的是40 W,总功率为40 W,输入50,则为50%,即20 W
加工速度	最高可达3 500 mm/s。扫描速度和激光功率联合作用,决定了单位时间内吸收激光能量的大小,对烧结零件的强度和变形量精度有较大影响。一般说来,扫描速度大,则完成后,点加工速度快,成型零件的精度、强度会降低;激光功率的大小影响成型零件的强度和变形,激光功率高,成型零件的强度高,但激光功率过高会引起烧结过程中的变形
供粉余量	在标准供粉基础上多提供的供粉量,例如0.05,则供粉箱每次供粉为分层厚度加0.05 mm
前置铺粉层数	模型加工前,铺粉次数
后置铺粉层数	模型加工完成后,铺粉次数
预热温度	加工材料所需要的温度。加热的作用是减小成型过程中的变形、节省激光能量。预热时间需要人工计时
预热温差	温度波动范围(CX-200设备一般设置为2°)
加工后保温温度	加工完成后,材料所需保温温度
加工后保温时间	加工完成后,材料所需保温时间

3. 选择性激光烧结制造流程

(1)打印前切片软件端操作。处理打印文件,点击保存,并关闭文件,将处理后的Gcode文件导入SD卡内,并将SD卡插入打印机控制主板卡槽内。

(2)调试设备与打印功率参数。做材料准备,机器检查确认,装打印粉末

(3)打印开始。观察模型烧结情况,有特殊状态及时调整处理。

(4)打印完成。清粉及后处理。

拓展知识点1　选择性激光烧结成型件的机械后处理

木塑复合材料选择性激光烧结的成型件具有一定的力学强度,表现出一定的固体特性,可以不使用任何的刀具、夹具以及过于复杂的机械加工工艺就能够进行车、铣、刨、钻等机械加工。这样可以使木塑复合材料的成型件达到质量要求的同时具有美观性。木塑复合材料通过选择性激光烧结制备的成型件经过机械加工的后处理方式可以让成型件保持

原有特性不易损坏,而且还能获得力学性能良好、表面光洁度高的成型件。

经过选择性激光烧结的木塑复合材料成型件,每一层经过烧结的余热会让成型件周围的粉末发生融化并黏结到成型件的表面,激光功率越高,这种现象就会越明显。这样的现象首先会造成清粉困难,其次会使成型件的小尺寸结构遭到破坏,最后会导致薄壁等特殊结构在进行清粉时遭到破坏。所以选择性激光烧结的木塑复合材料的成型件有一定的结构限制,例如:薄壁类结构的最小厚度为 1.5 mm、矩形槽结构的最小尺寸达到 1.5 mm、孔径的最小尺寸为 2 mm、圆柱类直径最小尺寸为 3 mm、球体类的直径最小尺寸为 3 mm。因此木塑复合材料 SLS 加工时,需要保障成型件的结构尺寸必须高于极限尺寸才可以得到良好的成型件。选择性激光烧结木塑复合材料的成型件如图 3-50 所示。

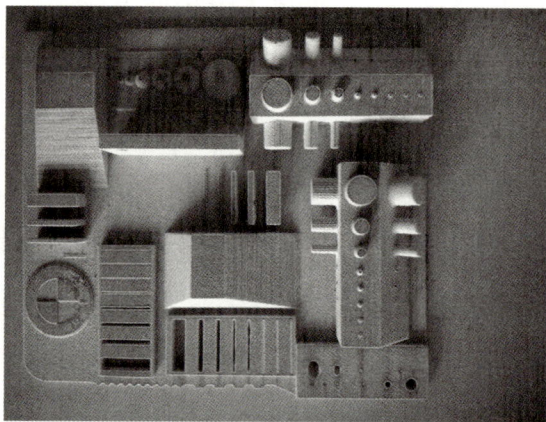

图 3-50　选择性激光烧结木塑复合材料的成型件

由于选择性激光烧结条件下的成型件具有一定的结构限制,所以对于特殊的零件结构就需要在选择性激光烧结后进行机械后处理,即车、铣、刨、钻等机械加工。对于选择性激光烧结无法加工的小孔,可以采用机械后处理。优点是可采用手动机械加工不需要特殊夹具,操作简单,缺点是在一定的范围上会影响尺寸与位置精度。其手动钻孔的过程如图 3-51 所示。

选择性激光烧结钻孔与机械钻孔的对比图如图 3-52 所示。通过对比发现,选择性激光烧结的直径 2 mm 以下的小孔中还存在多余的粉末,致使孔的精度不够高。而采用手动机械钻孔的方式,孔结构可以完好地呈现出来。孔结构直径大于 3 mm 时,选择性激光烧结的孔结构与手动机械钻孔的孔结构并无多大的差别,都可以完好地呈现孔结构。但是有精度较高的尺寸结构时,需要对选择性激光烧结的成型件进行机械后处理,得到更好的结构尺寸。

图 3-51　手动钻孔的过程

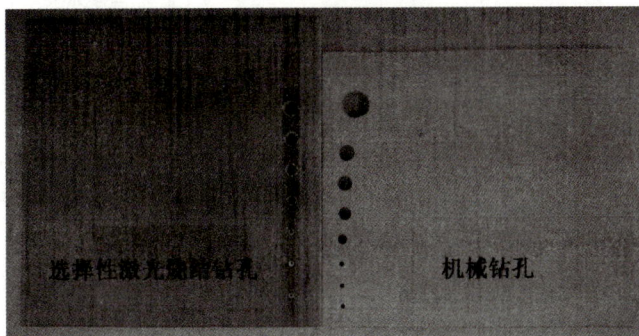

图 3-52　选择性激光烧结钻孔与机械钻孔的对比图

拓展知识点 2　选择性激光烧结成型件的渗蜡处理

选择性激光烧结技术是基于木粉、塑料、蜡、陶瓷等材料,利用数学模型的切片信息,通过计算机把握激光进行逐层烧结,层与层进行叠加后形成成型件。但是部分材料层与层叠加出的成型件力学性能与表面精度不高,需要对这种成型件进行后处理。首先将成型件从SLS 系统中取出,其次对成型件表面进行清理,除去表面浮粉,最后将成型件进行后处理。为了得到成型精度高、机械性能良好的选择性激光烧结成型件,需要对经过激光烧结的成型件进行渗蜡后处理。经过渗蜡后处理的成型件增强了表面的密度,降低了孔隙率。

基于木塑复合粉末为选择性激光烧结的原材料,其木塑复合材料制备的成型件致密度不高,而且大部分的木粉颗粒尺寸较大,有不同的形状,如条状与针状。所以孔隙率很大并分布不均,应该选择其后处理的方式是渗蜡。采用渗蜡后处理的主要原因是:(1)石蜡的熔点低、易融化、易打磨、韧性强、具有较高的稳定性。(2)石蜡融化后的蜡液流平性很好,以此特性可以很好地填充进成型件的空隙里增强力学强度。而且蜡液可以反复多次使用,降低了材料的损耗。(3)石蜡融化后的蜡液随时间增加黏度变化范围很小,有利于后处理,且可重复性好。

渗蜡后处理的主要原理是石蜡经过一定温度发生融化,由于其流平性逐步渗透到经过选择性激光烧结的成型件中,填充到成型件的孔隙处,从而增加成型件的致密度。此现象近似于毛细现象,其木塑复合材料选择性激光烧结的渗蜡后处理工艺流程如图 3-53 所示。

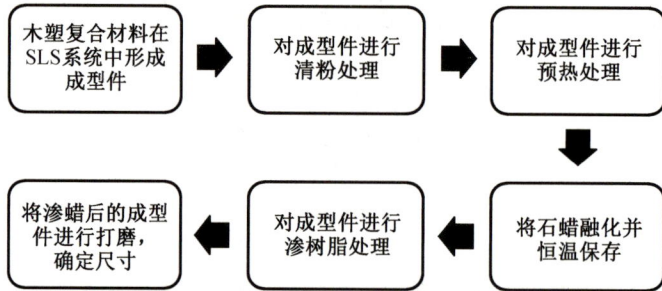

```
┌──────────────┐      ┌──────────────┐      ┌──────────────┐
│木塑复合材料在  │ ──▶ │对成型件进行    │ ──▶ │对成型件进行    │
│SLS系统中形成   │      │清粉处理        │      │预热处理        │
│成型件          │      │               │      │               │
└──────────────┘      └──────────────┘      └──────────────┘
                                                     │
                                                     ▼
┌──────────────┐      ┌──────────────┐      ┌──────────────┐
│将渗蜡后的成型  │ ◀── │对成型件进行    │ ◀── │将石蜡融化并    │
│件进行打磨,     │      │渗树脂处理      │      │恒温保存        │
│确定尺寸        │      │               │      │               │
└──────────────┘      └──────────────┘      └──────────────┘
```

图 3-53　渗蜡后处理工艺流程

渗蜡后处理的工作流程如下:

(1)对木塑复合材料选择性激光烧结的成型件进行清粉处理。首先,将成型件从 SLS 系统中取出,已经烧结的成型件外部还覆盖着未烧结的粉末。其次,将覆盖着未烧结粉末的成型件移至清粉室,采用软毛刷将外围的粉末进行清扫。最后,对成型件的特殊结构处及不易清粉的地方,采用压缩空气枪进行清粉。

(2)对已经清粉的成型件进行预热与渗蜡。首先,将成型件放入恒温箱进行预热处理,降低成型件在室温下浸入石蜡中因温度变化而产生的形变。其次,需要确定预热温度,保持成型件受热均匀,温度太高时成型件因材料特性会发生软化,温度太低时石蜡凝固速度太快,内部填充未完全实现。最后,将成型件在恒温箱中 60 ℃预热 1 h,预热完成后再进行渗蜡操作。

(3)对成型件进行渗蜡处理。首先,将石蜡融化并在 70 ℃下恒温保存。其次,将 60 ℃的成型件缓慢地浸入蜡液中直至蜡液中无气泡冒出。最后,将渗蜡的成型件在恒温箱中 30 ℃下保存 0.5 h,避免渗蜡成型件的温度与室温的温差太大引起翘曲变形。

(4)对已经渗蜡完全的成型件进行打磨、抛光,去除表面多余蜡液,使其与数据模型尺寸一致。其渗蜡处理前后成型件对比图如图 3-54 所示。

在进行渗蜡后处理时,需要注意的是:(1)蜡液的黏度范围。其黏度过小黏附性差,黏度太大不利于渗透进成型件的内部。所以蜡液的黏度范围在 2~3 Pa·s 时最合适。(2)预热时间的确定。时间太短成型件的力学强度不够高,而因原材料的特殊性质时间太长材料变软会使成型件发生坍塌,又会使力学强度下降。(3)预热温度的选择。温度太低会降低蜡液的渗透能力,而温度过高会破坏成型件的内部结构。(4)渗蜡时间的确定。时间太短蜡液还未达到成型件的内部,时间过长蜡液的填充会破坏成型件的内部结构。

(a)渗蜡处理前的成型件　　　　　　　　(b)渗蜡处理后的成型件

图 3-54　渗蜡处理前后成型件对比图

经过渗蜡后处理的成型件与没有渗蜡后处理的原件相比,渗蜡后处理的优点有:拉伸、弯曲与冲击强度不但得到一定的提升,而且成型件的内部经过渗蜡的填充后,减小了成型件内部的孔隙,改善了成型件的内部结构,使成型件层与层之间的结合力度加大,密度增长率增强了成型件整体的致密度,使成型件具备更好的力学性能。与渗树脂后处理方式相比,渗蜡后处理不需要进行材料的配比,仅仅需要加热融化,操作简单,而且经过打磨抛光以后比渗树脂的成型件光泽度更高,经过渗蜡处理的成型件粗糙度可下降40%左右。

拓展知识点 3　选择性激光烧结成型件的渗树脂处理

目前选择性激光烧结成型工艺中,部分原材料的预热温度较高,粉末在进行烧结的过程中由于高温的原因而不受控制,容易造成选择性激光烧结成型件的成型精度不够高,所以需要对这种成型件进行后处理。渗树脂也是选择性激光烧结的一种后处理方式,这种后处理方式可以使成型件的力学强度更高。

选择树脂的主要原因是:(1)树脂具有一定的力学强度,而且不仅本身具有一定的强度,还能够渗透进入选择性激光烧结的成型件中,增强成型件的力学强度。(2)树脂有利于后续的打磨,提高成型件表面的光洁程度,而且收缩率不高。(3)树脂具有良好的稳定性、低毒或无毒、价格便宜、后续处理操作简单。常见的树脂材料的优缺点对比见表3-3。其木塑复合材料选择性激光烧结的渗树脂后处理工艺流程如图3-55所示。

表 3-3　常见树脂材料的优缺点对比

树脂材料	优点	缺点
酚醛树脂	高强度、高黏结性、耐热性	收缩率大、脆性强
聚氨酯	有良好的黏性、活性、韧性、耐油、耐老化	不耐热、力学强度不够
有机硅树脂	耐高温、柔性强	黏附力低,应用范围小

表3-3（续）

树脂材料	优点	缺点
不饱和聚酯树脂	有透明性、黏性,耐磨,浸入速度快	收缩率高、不耐热
环氧树脂	高强度、耐腐蚀、绝缘性好、可调节、应用范围广	脆性强

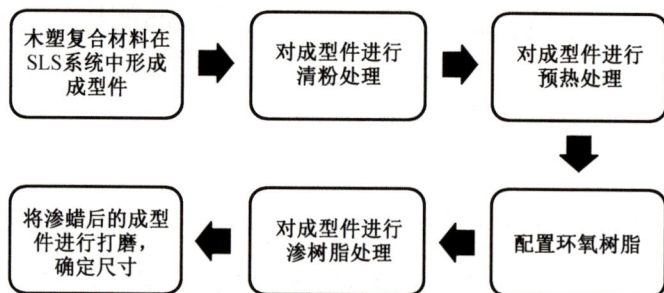

图3-55　渗树脂后处理工艺流程

这些树脂材料进行选择性激光烧结后的成型件有一定的不同,聚酯类树脂收缩率太高会造成成型件的严重变形,聚氨酯材料会与空气中的水分发生反应,而且反应速度快反应剧烈从而使成型件出现气泡。这些缺点都是材料本身特殊的物理化学性质所决定的,所以在进行渗树脂后处理工艺时,最好选用环氧树脂。环氧树脂不仅没有以上的缺点,还有其他材料所没有的低收缩率、可调节的特性。但是环氧树脂的脆性强,所以需要增韧改性以提高它的韧性。

渗树脂后处理的具体工作流程如下:

(1)对木塑复合材料选择性激光烧结的成型件进行清粉处理。首先,将成型件从SLS系统中取出,已经烧结的成型件外部还覆盖着未烧结的粉末。其次,将覆盖着未烧结粉末的成型件移至清粉室,采用软毛刷将外围的粉末进行清扫。最后,对成型件的特殊结构处及不易清粉的地方,采用压缩空气枪进行清粉。

(2)对已经清粉的成型件进行预热。将成型件放入恒温箱60 ℃预热1 h进行预热处理,降低成型件在室温下浸入石蜡中因温度变化而产生的形变。

(3)对树脂进行配置。将环氧树脂与固化剂混合在一起后,加入稀释剂充分混合在一起完成环氧树脂的配置。但是配置环氧树脂的过程中由于树脂固化产生热量造成大量气泡,所以环氧树脂需要现用现配。

(4)对成型件进行渗树脂处理。首先,用毛刷缓慢均匀地将环氧树脂刷涂在成型件上。其次,确保树脂材料完全填充到成型件中。最后,将渗树脂的成型件放在阴凉通风处直至树脂材料完全固化。

(5)对已经渗树脂完全的成型件进行打磨,去除表面多余环氧树脂成分,使其与数据模型尺寸一致。其渗树脂处理前后成型件的对比图如图3-56所示。

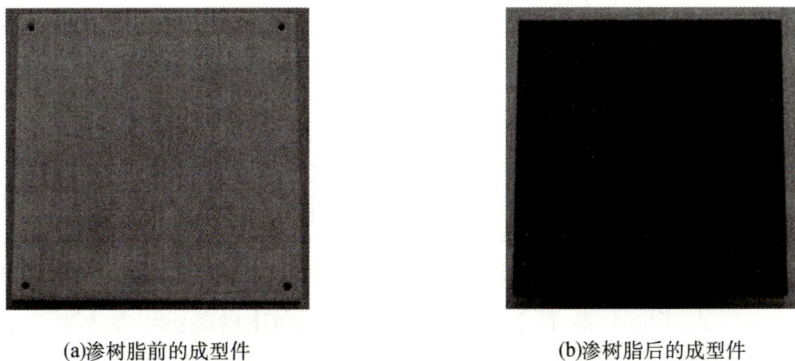

(a)渗树脂前的成型件   (b)渗树脂后的成型件

图3-56 渗树脂处理前后成型件的对比图

在进行渗树脂后处理时,需要注意的是:(1)树脂的黏度范围,其黏度过大浸入速度缓慢,成型时间较长。所以需要添加一定量的固化剂和稀释剂。(2)固化时间的确定。时间太短内部孔隙未完全填充,时间过长成型件材料会受到渗透力的影响,降低成型件的力学性能。(3)固化速度的选择。速度过快反应太快太剧烈,速度过慢会延长处理时间。经过渗树脂的成型件可以保持原成型件的尺寸,具有良好的力学性能,粗糙度可下降35%,应用范围更广。

拓展知识点4 选择性激光烧结成型件的化学镀铜

随着大量学者的不断研发创造,化学镀铜已经具备了完善的理论体系。其主要应用范围是印刷电路板通孔金属化、电磁屏蔽材料、电子封装技术、材料表面装饰等。印刷电路板通孔金属化可以增强材料的焊接性,更有利于微电子工业的发展。作为电磁屏蔽材料,可以减少对人体的伤害,利用范围广。在电子封装技术中,可以利用化学镀铜的方式获得铜层,成本低廉,键合性能良好,软焊接性能优良。当用于材料表面时,化学镀铜可以使材料表面具有金属光泽,提高材料的装饰效果。

基于木塑复合材料的激光烧结成型技术,再经过渗蜡和渗树脂后处理以后,可以增强表面质量,降低孔隙率。而化学镀铜的后处理方式不仅给予木塑复合材料金属光泽,提高材料美观性,而且让木塑材料沉积的镀层具备导电性能,提高其材料的应用范围。通过木塑复合材料的激光烧结成型技术与化学镀铜的化学方式相结合,可以更好地应用于电化学加工中,可以制备具有复杂形状的阴极工具电极,具有成本低廉、生产效率高等优点,可以广泛应用于汽车发动机、液压气动、航空等领域。使木塑复合材料的应用领域得到拓展。

化学镀铜的主要原理是在不添加电流的前提下,通过氧化还原反应将金属离子变成含有金属的颗粒附着在成型件的表面,形成一种保护膜。所以化学镀铜的基本原理就是氧化还原反应。其氧化还原反应的表达式如下。

还原反应:

$$Cu^{2+}+2e^-\longrightarrow Cu \tag{3-3}$$

氧化反应:

$$R\longrightarrow O+2e^- \tag{3-4}$$

式中　R——还原剂;

　　　O——还原剂被氧化后的状态。

在进行化学镀铜的反应时,基于甲醛的电位低于铜离子的电位的特性,所以化学镀铜的氧化还原反应中的还原剂可以选择甲醛。由于甲醛在 pH=0 和 pH=14 时电位差超过 1.0 V,在碱性溶液中甲醛具有还原性,对于将铜离子还原为金属铜有利。在碱性溶液中其主要反应方程式为

$$Cu^{2+}+2HCHO+4OH^-\longrightarrow Cu\downarrow+2HCOO^-+2H_2O+H_2\uparrow \tag{3-5}$$

在进行氧化还原反应的同时,由于甲醛在碱性溶液中发生歧化反应的过程中不但会消耗大量的甲醛而且还降低了化学镀铜的速度,二价铜离子不仅会被还原成一价铜离子而且一价铜离子的大多数氧化物都会形成沉淀。所以在主反应发生的同时还伴随着其他的副反应发生,其副反应的化学方程式如下。

康尼查罗反应:

$$2HCHO+NaON\longrightarrow HCOONa+CH_3OH \tag{3-6}$$

氧化反应:

$$CuOH(Cu_2O)\longrightarrow Cu^++OH^- \tag{3-7}$$

Cu^+的歧化反应:

$$Cu_2O+H_2O\longrightarrow 2Cu^++2OH^-$$

$$Cu_2O+H_2O\longrightarrow Cu+Cu^{2+}+2OH^-$$

$$2Cu^+\longrightarrow Cu^{2+}+Cu \tag{3-8}$$

康尼查罗副反应的发生会降低化学镀铜时所使用镀液的稳定性,降低化学镀铜反应的时间。氧化反应这种副反应的发生会使二价铜离子被还原成一价铜离子,一价铜离子被氧化形成 CuOH 和 Cu_2O,很难溶解并沉淀于镀液,而且 Cu^+ 在碱性溶液中会发生歧化反应。这些副反应均与主反应一样都发生在化学镀铜的镀液中,最终在镀液中形成不规则的颗粒。化学镀铜的后处理工艺流程如图 3-57 所示。

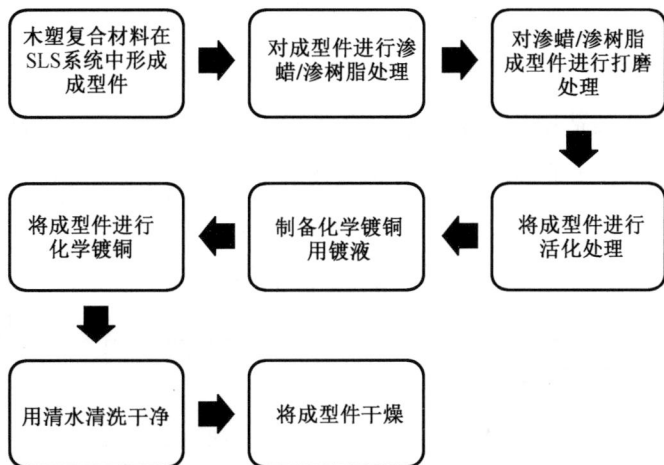

图 3-57 化学镀铜的后处理工艺流程

化学镀铜后处理的具体工作流程如下:

(1)对木塑复合材料选择性激光烧结的成型件进行渗蜡/渗树脂处理。首先,对成型件进行清粉处理。其次,对成型件进行预热处理。最后,对成型件进行渗蜡/渗树脂处理,对内部空隙进行填充。

(2)对经过渗蜡/渗树脂处理的成型件依据数据模型用 180 目砂纸进行打磨,去掉成型件表面的杂质与毛刺,降低成型件的表面粗糙度。将打磨好的成型件放入清水中清洗干净,便于后续操作。

(3)对成型件进行活化处理。首先,选择银氨活化法,采用 3 g/L 的硝酸银与 20 mL/L 的氨水配置成银氨活化液。其次,在 24 ℃下对成型件进行活化 3~5 min。最后,将活化完成的成型件放入清水中洗去多余的活化液,避免造成污染。在这一过程中需要注意的是银氨活化液需要现配现用,放在避光处。

(4)制备化学镀铜用镀液。铜盐为 15 g/L 的五水硫酸铜($CuSO_4 \cdot 5H_2O$),还原剂为 15 g/L 的 37% 甲醛(HCHO),络合剂为 15 g/L 的酒石酸钾钠(TART)与 20 g/L 的乙二胺四乙酸二钠(EDTA·2Na)的混合溶液,稳定剂为 0.01 g/L 的亚铁氰化钾($K_4[Fe(CN)_6]$),pH 调节剂为 25% 的氢氧化钠溶液(NaOH)。将铜盐、还原剂、络合剂、稳定剂充分混合成溶液置于 50 ℃的恒温水浴锅中,再向其添加 pH 调节剂直至 pH 值为 11.5。

(5)对成型件进行化学镀铜。首先,将成型件缓慢匀速地完全放入镀液中。其次,对镀液进行不停地匀速搅拌,保证镀液均匀地附着在成型件的表面。最后,对镀液进行观察,镀液表面会出现大量的气泡,而且镀液的 pH 值也在下降,需要添加 pH 调节剂,保证 pH 值不变,直至化学镀铜反应持续约 30 min。

(6)将经过化学镀铜的成型件用清水洗净,除去多余的镀液后,放入 50 ℃恒温干燥箱中干燥 3 h。其渗蜡/渗树脂成型件经过化学镀铜的对比图如图 3-58 所示。

　　经过渗蜡/渗树脂化学镀铜的成型件对比发现,不管是渗蜡还是渗树脂都可以得到力学强度较好、有金属光泽的成型件,但是还具有一定的不同。主要的不同点是:(1)渗蜡处理后化学镀铜形成的成型件比渗树脂处理后化学镀铜的成型件颜色暗淡。(2)渗蜡处理后化学镀铜形成的成型件比渗树脂处理后化学镀铜的成型件镀层厚度低。(3)渗树脂处理后化学镀铜形成的成型件比渗蜡处理后化学镀铜的成型件镀层的结合力更强。

(a)渗蜡化学镀铜后的成型件　　　　　　　　　(b)渗树脂化学镀铜后的成型件

图 3-58　渗蜡/渗树脂成型件经过化学镀铜的对比图

【自学自测】

学习领域	3D 打印技术		
学习情境 3	脚轮的 3D 打印	任务 2	脚轮 3D 打印流程
作业方式	小组分析,个人解答,现场批阅,集体评判		
1	简述选择性激光烧结技术成型原理。		

作业解答:

表（续）

2	简述选择性激光烧结技术操作流程。

作业解答：

3	简述选择性激光烧结的特点。

作业解答：

作业评价：

班级		组别		组长签字	
学号		姓名		教师签字	
教师评分		日期			

【任务实施】

1. 打印前准备

（1）开机前准备工作

①每次系统开机之前,必须仔细检查工作腔内、工作台面上有无杂物,以免损伤铺粉辊及其他元器件。

②用吸尘器清除工作台面及加热辊上的粉尘。

③将平移钢带槽里的粉尘清洁干净。

④将加热灯罩上面的粉尘清理干净。

⑤检查水箱中水是否充足,若不足则补充水进去。

（2）打印前检查确认

打印前检查以下几个条件是否满足:

①水箱的水位高于阈值。

②车间环境温度是否在18~30 ℃。

2. 打印

（1）开机与读卡

第一步:插上电源,打开总开关,如图3-59所示。完成第一步后,可以看见屏幕正在启动。

图3-59 开关位置

第二步:向右旋转打开"急停"开关,按下"上电"按钮,此时机器运动执行系统得电,"急停""上电"完成后,此时照明灯打开,人机交互触摸屏进入初始界面,如图3-60所示,插入SD储存卡。

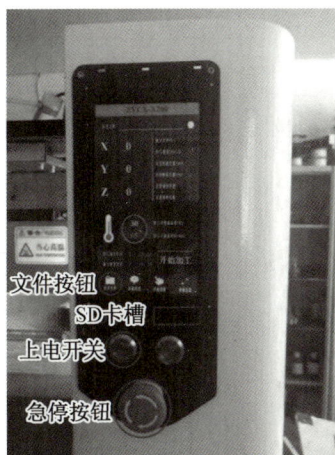

图 3-60　上电开关与急停按钮

第三步:"急停""上电"都完成后,并且插入了 SD 卡,须进行读卡操作,点击"打开文件",可以看到如下内容,如图 3-61 所示。

图 3-61　打开文件后界面

文件读取是自动的读取,当"文件信息"出现上述内容,且内容最后一行最后一个词为"READY!"表示读取完成,读取完成后点击操作界面的"返回",回到初始界面;若没有自动读取,手动点击"读取";若"文件信息"还是没有显示任何消息,请检查 SD 卡是否插入,若 SD 已经插入,可以将其拔出,再插入,同时按一下"复位"按钮,如图 3-62 所示,再手动点击"读取",读取完成后,点击"返回"按钮。

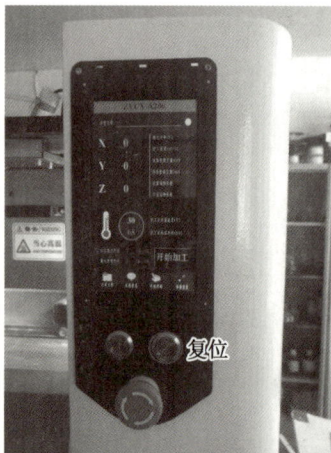

图 3-62　复位按钮位置

（2）装粉

第四步：在完成前三步后，就可以进行装粉了，装粉时，需要将成型箱和供粉箱都复位。点击初始操作界面上"参数设置"按钮，跳转到参数设置界面，先点击"Part 粉箱复位"按钮，等待复位完成，再点击"Feed 粉箱复位"按钮，等待复位完成后，点击"返回"按钮，如图 3-63所示。

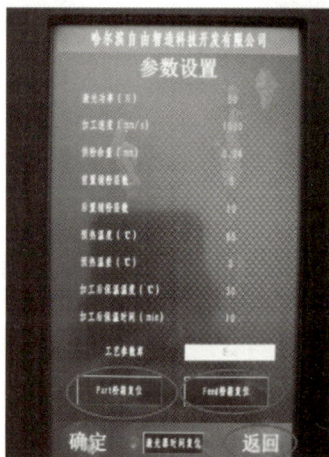

图 3-63　参数设置界面

第五步：此时已经完成基本的设置，可以装粉，如图 3-64 所示，装粉需要用到"手动控制"，点击初始界面的"手动控制"按钮，进入手动控制界面，就可以通过手动控制来调整成型箱和供粉箱的位置，以及铺粉操作，如图 3-65 所示。

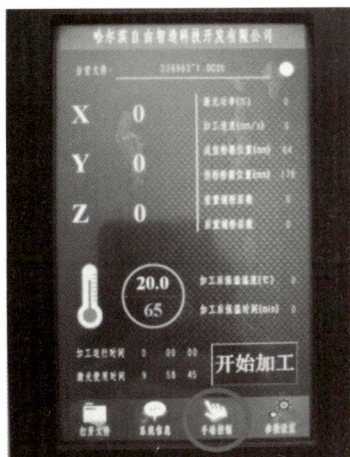

图 3-64　手动控制按钮位置

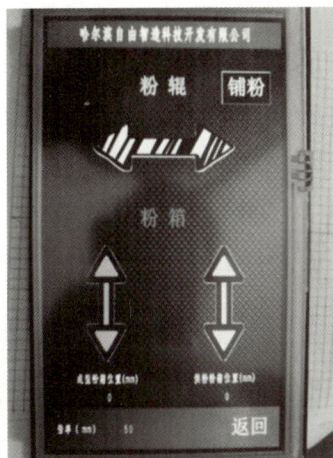

图 3-65　手动控制界面

第六步：根据具体需要加工的模型的高度，手动控制"供粉缸"下降，点击手动控制界面的"倍率"旁边的数字"0"，进入数字输入界面，点击数字"5"，再点击数字"0"，如若输错，可以点击字符"×"（图 3-66）（注：这里的倍率指的是距离，单位 mm，这里以 50 mm 为例），最后点击"输入"，点击完成后会自动返回手动控制界面（图 3-65），点击供粉箱位置，即向下的箭头（注：只需要点一下箭头，不需要长按），等待供粉箱下降完成后，可以开始向供粉箱和成型箱中添加材料（注：图 3-65 中，"粉滚"箭头，可以控制粉滚左右移动，需要长按）。

第七步：添加材料，添加好后，可以利用手动控制界面的"铺粉"（图 3-65）操作来铺平粉面，点击"铺粉"，可以进行多次操作，直到粉面铺平（小技巧：点击"铺粉"前，人工添加的材料的平整程度，决定了你需要点击几次"铺粉"，可以每点击一次"铺粉"，检查一次粉面情况，若粉面大部分都平整了，但是有部分地方有较深的坑，可以人工添加材料，把坑填上，略高于平整粉面即可，填坑完成后，再次执行"铺粉"操作。这样可以快速完成粉面的铺平工作）。

图 3-66　输入键盘界面

（3）参数设置

第八步：铺粉完成后，点击手动控制界面的"返回"按钮（图 3-65），将加热箱手动推到成型缸上方（推到限位位置，图 3-67），然后旋转加热箱按钮（图 3-67），将其锁住，点击主页面"参数设置"，进入参数设置界面（图 3-68）。

图 3-67　限位锁紧

图 3-68　参数设置

（4）参数设置说明

①激光功率：功率采用百分比的形式，机器采用的是40 W激光管，即总功率为40 W，参数设置时，可根据实际材料配比不同，调整功率大小，例如：输入数字50，则为总功率的50%，也就是20 W，这是一种估计方法，具体情况需要具体调整。

②加工速度：最高可达3 500 mm/s（需配合功率和切片）。扫描速度和激光功率联合作用，决定了单位时间内吸收激光能量的大小，对烧结零件的强度和变形量精度有较大影响。一般说来，扫描速度大，则完成后，点加工速度快，成型零件的精度、强度会降低；激光功率的大小影响成型零件的强度和变形，激光功率高，成型零件的强度高，但激光功率过高会引起烧结过程中的变形。

③供粉余量：这里指在标准供粉基础上多提供的供粉量，例如0.05，则供粉箱每次供粉为分层厚度加0.05 mm，其他的以此类推，适当提高供粉余量，可以保证模型成型箱粉面不会出现缺口问题。

④前置铺粉层数：模型加工前，铺粉次数（每层为0.1 mm）。

⑤后置铺粉层数：模型加工完成后，铺粉次数（每层为0.1 mm）。

⑥预热（加工）温度：加工材料所需要的温度。加热的作用是减小成型过程中的变形、节省激光能量。预热时间需要人工计时。

⑦预热温差：温度波动范围（一般设置为2 ℃）。

⑧加工后保温温度：加工完成后，材料所需保温温度（具体情况具体调整）。

⑨加工后保温时间：加工完成后，材料所需保温时间（具体情况具体调整）。

⑩设置完后点击"确定"按钮，再点击"返回"按钮，回到初始界面，等待温度上升，温度达到后，可按需要选择是否预热一段时间。

（5）预热和加工

第九步：预热。成型缸上部有加热器，用于成型缸粉末的加热。首先，在成型缸中铺满30 mm厚的粉末，按粉末材料的温度要求设定加热温度，启动加热器进行加热，达到设定温度后保温至少半小时，环境温度较低时要延长预热时间，以便使系统充分加热，使成型缸中的粉末温度稳定。

第十步：点击"开始加工"。开始烧结零件：在系统软件的"加工"过程中点击加工零件，系统开始加工零件，粉末在烧结过程中会产生少量烟气。激光扫描支撑时，颜色会产生轻微变化，激光扫描零件时颜色变化较大（注：如果温度没有上升，说明之前点击确定时，没点到，则点击参数设置，再次点击确定）。

（6）关机

零件打印完毕后须先按下"急停"按钮，设备关机后方可关闭电源。

【脚轮的 3D 打印工作单】

计划单

学习情境 1	脚轮的 3D 打印	任务 2	脚轮 3D 打印流程
工作方式	组内讨论、团结协作共同制定计划,小组成员进行工作讨论,确定工作步骤	计划学时	0.5 学时
完成人	1.　　2.　　3.　　4.　　5.　　6.		

计划依据:1.　　　　　;2.

序号	计划步骤	具体工作内容描述
1	准备工作(准备打印材料、模型、机器、工具,谁去做?)	
2	组织分工(成立组织,人员具体都完成什么工作?)	
3	制定方案(设计→参数设置→打印→后处理,各阶段重点是什么?)	
4	制作过程(总结设计要点→参数调试→打印→后处理,各阶段重点是什么?)	
5	整理资料(谁负责? 整理什么内容?)	
制定计划说明	(对各人员完成任务提出可借鉴的建议或对计划中的某一方面做出解释)	

决策单

学习情境1	脚轮的 3D 打印		任务 2	脚轮 3D 打印流程
决策学时			0.5 学时	

决策目的:脚轮 3D 打印各环节流程方案对比分析,比较加工质量、加工时间、加工成本等

	成员	方案的可行性 (数据质量)	参数的合理性 (采集时间)	加工的经济性 (测量成本)	综合评价
工艺方案 对比	1				
	2				
	3				
	4				
	5				
	6				
决策评价	结果:(将自己的加工方案与组内成员的加工方案进行对比分析,对自己的工艺方案进行修改并说明修改原因,最后确定一个最佳方案)				

检查单

学习情境1		脚轮的 3D 打印	任务 2	脚轮 3D 打印流程
评价学时			课内 0.5 学时	第　　组

检查目的及方式	在加工过程中,教师对小组的工作情况进行监督、检查,如检查等级为不合格,则小组需要整改,并拿出整改说明

序号	检查项目	检查标准	检查结果分级 (在检查相应的分级框内划"√")				
			优秀	良好	中等	合格	不合格
1	准备工作	资源是否已查到,材料是否准备完整					
2	分工情况	安排是否合理、全面,分工是否明确					
3	工作态度	小组工作是否积极主动,是否为全员参与					
4	纪律出勤	是否按时完成负责的工作内容、遵守工作纪律					
5	团队合作	是否相互协作、互相帮助,成员是否听从指挥					
6	创新意识	任务完成是否不照搬照抄,看问题是否具有独到见解与创新思维					
7	完成效率	工作单是否记录完整,是否按照计划完成任务					
8	完成质量	工作单填写是否准确,流程环节、参数设置、成型件质量是否达标					

检查评语		教师签字:

【任务评价】

小组工作评价单

学习情境 1	脚轮的 3D 打印			任务 2	脚轮 3D 打印流程	
评价学时				课内 0.5 学时		
班级				第　组		
考核情境	考核内容及要求	分值（100）	小组自评（10%）	小组互评（20%）	教师评价（70%）	实际得分
汇报展示（20分）	演讲资源利用	5				
	演讲表达和非语言技巧应用	5				
	团队成员补充配合程度	5				
	时间与完整性	5				
质量评价（40分）	工作完整性	10				
	工作质量	5				
	报告完整性	25				
团队意识（25分）	核心价值观	5				
	创新性	5				
	参与率	5				
	合作性	5				
	劳动态度	5				
安全文明（10分）	工作过程中的安全保障情况	5				
	工具正确使用和保养、放置规范	5				
工作效率（5分）	能够在要求的时间内完成，每超时5分钟扣1分	5				

小组成员素质评价单

学习情境 1	脚轮的 3D 打印		任务 2			脚轮 3D 打印流程		
班级		第　组		成员姓名				
评分说明	每个小组成员评价分为自评分和小组其他成员评分两部分,取平均值,作为该小组成员的任务评价个人分数。评分项目共计 5 个,依据评分标准给予合理量化打分。小组成员自评分后,要找小组其他成员以不记名方式评分							
评分项目	评分标准	自评分	成员 1 评分	成员 2 评分	成员 3 评分	成员 4 评分	成员 5 评分	
核心价值观(20 分)	有无违背社会主义核心价值观的思想及行动							
工作态度(20 分)	是否按时完成负责的工作内容、遵守纪律,是否积极主动参与小组工作,是否全过程参与,是否吃苦耐劳,是否具有工匠精神							
交流沟通(20 分)	能否良好地表达自己的观点,能否倾听他人的观点							
团队合作(20 分)	是否与小组成员合作完成任务,做到相互协作、互相帮助、听从指挥							
创新意识(2 分)	看问题能否独立思考、提出独到见解,能否利用创新思维解决遇到的问题							
小组成员最终得分								

【课后反思】

学习情境1	脚轮的3D打印		任务2	脚轮3D打印流程
班级		第　组	成员姓名	
情感反思	通过对本次任务的学习和实训,你认为自己在社会主义核心价值观、职业素养、学习和工作态度等方面有哪些需要提高的部分?			
知识反思	通过对本次任务的学习,你掌握了哪些知识点?请画出思维导图。			
技能反思	在完成本次任务的学习和实训过程中,你主要掌握了哪些技能?			
方法反思	在完成本次任务的学习和实训过程中,你主要掌握了哪些分析和解决问题的方法?			

【课后作业】

一、选择题

1. 下列关于选择性激光烧结（SLS）技术，说法错误的有　　　　　　　　　　　（　　）

A. SLS四大烧结机理，每一种烧结过程中，同时伴随其他几种烧结的进行。

B. 从理论上讲，所有受热后能相互黏结的粉末材料都能作为SLS的成型材料。

C. 尼龙复合粉由基料尼龙和无机填料、偶联剂、流动剂、光吸收剂、抗氧化剂等辅助剂组成。

D. 成型零件的致密度随着激光输出能量的加大而增高，随着扫描速度的增大而增高。

2. 关于SLS制造工艺参数对成型零件质量的影响，错误的是　　　　　　　　　（　　）

A. 成型零件的致密度和强度随着激光输出能量的加大而增高，随着扫描速度的增大而变小。

B. 较高的扫描速度和激光能量可达到较好的烧结结果。

C. 高的激光能量密度使得成型零件内部产生大的应力作用。

D. 预热温度最高不能超过粉末材料的最低熔点或塑变温度。

3. 使用SLS 3D打印原型件过程中成型烧结参数不包括　　　　　　　　　　　（　　）

A. 铺粉厚度　　　　B. 激光功率　　　　C. 烧结时间　　　　D. 扫描速度

4. 以下哪种3D打印技术在金属增材制造中使用最多　　　　　　　　　　　　（　　）

A. FDM　　　　　　B. SLA　　　　　　C. 3DP　　　　　　D. SLS

二、操作题

扫描下方二维码，获取模型数据，根据模型特征完成参数调整，并使用打印机将模型打印出来。

素材1　　　素材2　　　无人机

参 考 文 献

[1] 李中伟,王从军,何万涛,等. 面结构光三维测量技术[M]. 武汉:华中科技大学出版社,2012.

[2] 陈雪芳,孙春华. 逆向工程与快速成型技术应用[M]. 3版. 北京:机械工业出版社, 2019.

[3] 纪红. 逆向工程与3D打印技术[M]. 北京:机械工业出版社,2020.

[4] 吴光辉,李俊霞,孟少明. 逆向工程与3D打印技术[M]. 哈尔滨:哈尔滨工程大学出版社,2023.

[5] 胡宗政,王方平. 三维数字化设计与3D打印-高职分册[M]. 北京:机械工业出版社, 2020.

[6] 王嘉,田芳. 逆向设计与3D打印案例教程[M]. 北京:机械工业出版社,2020.

[7] 成思源,杨雪荣. Geomagic Design Direct 逆向设计技术及应用[M]. 北京:清华大学出版社,2015.

[8] 杨晓雪,闫学文. Geomagic Design X 三维建模案例教程[M]. 北京:机械工业出版社,2016.

[9] 曹明元. 3D打印技术概论[M]. 北京:机械工业出版社,2016.

[10] 王延庆,沈竞兴,吴海全. 3D打印材料应用和研究现状[J]. 航空材料学报,2016, 36(4):89-98.

[11] 陈继民,王颖,曹玄扬,等. 选区激光熔融技术制备多孔支架及其单元结构的拓扑优化[J]. 北京工业大学学报,2017,43(4):489-495.